잠자리
나들이도감

세밀화로 그린 보리 산들바다 도감

잠자리 나들이도감

그림 옥영관
글 정광수

편집 김종현, 정진이
기획실 김소영, 김수연, 김용란
디자인 이안디자인
제작 심준엽
영업 나길훈, 안명선, 양병희, 원숙영, 조현정
독자 사업(잡지) 이보리, 정영지
새사업팀 조서연
경영 지원 신종호, 임혜정, 한선희
분해와 출력·인쇄 (주)로얄프로세스
제본 (주)상지사 P&B

1판 1쇄 펴낸 날 2017년 5월 1일 | **1판 3쇄 펴낸 날** 2022년 3월 16일
펴낸이 유문숙
펴낸 곳 (주) 도서출판 보리
출판등록 1991년 8월 6일 제 9–279호
주소 (10881) 경기도 파주시 직지길 492
전화 (031)955–3535 / **전송** (031)950–9501
누리집 www.boribook.com **전자우편** bori@boribook.com

ISBN 978-89-8428-958-1 06470 978-89-8428-890-4 (세트)
이 도서의 국립중앙도서관 출판예정도서목록(CIP)은 서지정보유통지원시스템 홈페이지
(http://seoji.nl.go.kr)와 국가자료공동목록시스템(http://www.nl.go.kr/kolisnet)에서
이용하실 수 있습니다. (CIP 제어번호 : CIP2017005268)

세밀화로 그린 보리 산들바다 도감

우리나라에 사는 잠자리 96종

잠자리
나들이도감

그림 옥영관 | 글 정광수

보리

일러두기

1. 아이부터 어른까지 함께 볼 수 있도록 쉽게 썼다.

2. 이 책에는 우리나라에서 사는 잠자리 96종이 실려 있다.

3. 잠자리는 분류 순서대로 실었다. 실잠자리목은 물잠자리과, 실잠자리과, 방울실잠자리과, 청실잠자리과 차례로 실었다. 잠자리목은 왕잠자리과, 측범잠자리과, 장수잠자리과, 청동잠자리과, 잔산잠자리과, 잠자리과 차례로 실었다.

4. 잠자리 이름과 학명, 분류는 저자 의견을 따랐다.

5. '그림으로 찾아보기'는 잠자리를 찾기 쉽도록 한눈에 알아볼 수 있는 특징을 표시했다.

6. 세밀화는 위에서 본 수컷, 옆에서 본 수컷과 암컷 모습을 따로 그렸다.

7. 정보 상자를 따로 두어 크기, 사는 곳, 나오는 때, 분포를 한눈에 볼 수 있도록 정리했다.

8. 맞춤법과 띄어쓰기는 《표준국어대사전》을 따랐다. '멸종위기종' 같은 전문 용어는 띄어쓰지 않았다.

9. 잠자리 몸길이는 머리끝에서 배 끝까지 잰 길이다.

└── 몸길이 ──┘

10. 본문 보기

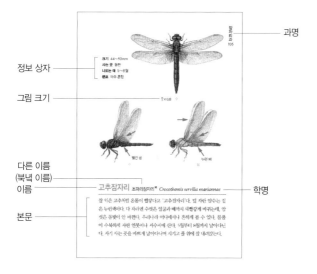

과명

정보 상자

그림 크기

다른 이름
(북녘 이름)
이름

본문

학명

크기 44~50mm
사는 곳 들판
나오는 때 5~8월
분포 아주 흔함

?×0.8

빨간 뿔   누런 배

고추잠자리 조파리잠자리 *Crocothemis servilia mariannae*

잘 익은 고추처럼 온몸이 빨갛다고 '고추잠자리'다. 덥 자란 암수는 짙은 누런색이다. 다 자라면 수컷은 얼굴과 배까지 시뻘겋게 바뀌는데, 암컷은 몸빛이 안 바뀐다. 우리나라 어디에서나 흔하게 볼 수 있다. 물풀이 수북하게 자란 연못이나 저수지에 산다. 5월부터 8월까지 날아다닌다. 자기 사는 곳을 빠르게 날아다니며 작대기 끝 위에 잘 내려앉는다.

잠자리
나들이도감

그림으로 찾아보기

그림으로 찾아보기

실잠자리아목

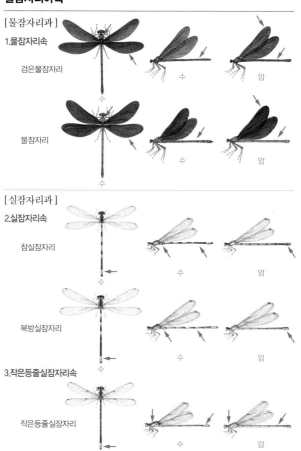

[물잠자리과]

1.물잠자리속

검은물잠자리
수

물잠자리
수
수   암

[실잠자리과]

2.실잠자리속

참실잠자리
수
수   암

북방실잠자리
수
수   암

3.작은등줄실잠자리속

작은등줄실잠자리
수
수   암

4. 등줄실잠자리속

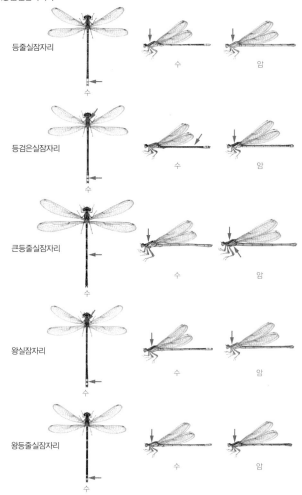

등줄실잠자리
수

수 암

등검은실잠자리
수

수 암

큰등줄실잠자리
수

수 암

왕실잠자리
수

수 암

왕등줄실잠자리
수

수 암

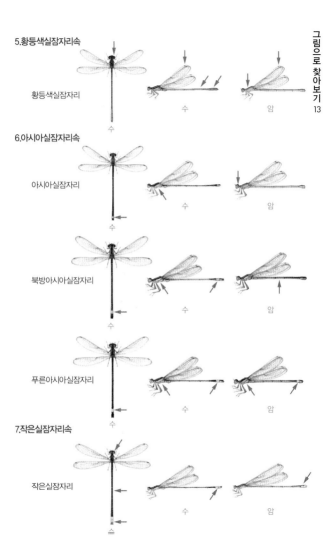

5.황등색실잠자리속

황등색실잠자리

수　　암

6.아시아실잠자리속

아시아실잠자리

수　　암

북방아시아실잠자리

수　　암

푸른아시아실잠자리

수　　암

7.작은실잠자리속

작은실잠자리

수　　암

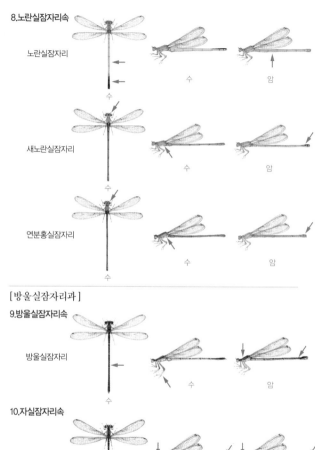

8.노란실잠자리속

노란실잠자리

수 수 암

새노란실잠자리

수 암

연분홍실잠자리

수 암

수

[방울실잠자리과]

9.방울실잠자리속

방울실잠자리

수 암

수

10.자실잠자리속

자실잠자리

수 암

수

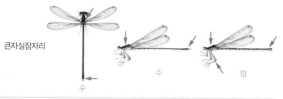

큰자실잠자리

수

수

암

[청실잠자리과]

11.청실잠자리속

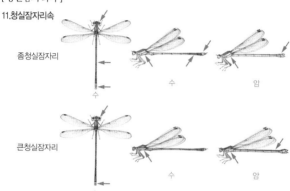

좀청실잠자리

수

암

큰청실잠자리

수

암

12.묵은실잠자리속

묵은실잠자리

수

암

13.가는실잠자리속

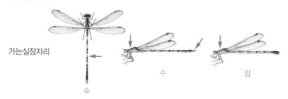

가는실잠자리

수

암

잠자리아목

[왕잠자리과]

14.별박이왕잠자리속

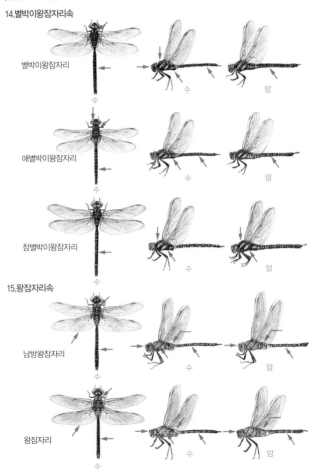

별박이왕잠자리
수
수
암

애별박이왕잠자리
수
수
암

참별박이왕잠자리
수
수
암

15.왕잠자리속

남방왕잠자리
수
수
암

왕잠자리
수
수
암

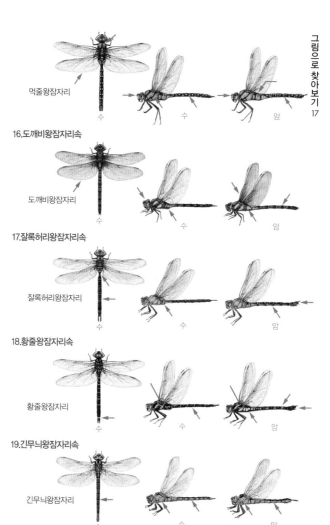

먹줄왕잠자리

수

수

암

16. 도깨비왕잠자리속

도깨비왕잠자리

수

수

암

17. 잘록허리왕잠자리속

잘록허리왕잠자리

수

수

암

18. 황줄왕잠자리속

황줄왕잠자리

수

수

암

19. 긴무늬왕잠자리속

긴무늬왕잠자리

수

수

암

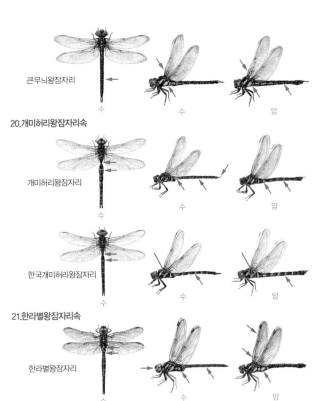

큰무늬왕잠자리

수

수   암

20.개미허리왕잠자리속

개미허리왕잠자리

수

수   암

한국개미허리왕잠자리

수

수   암

21.한라별왕잠자리속

한라별왕잠자리

수

수   암

[측범잠자리과]

22.마아키측범잠자리속

마아키측범잠자리

수

수   암

23.어리측범잠자리속

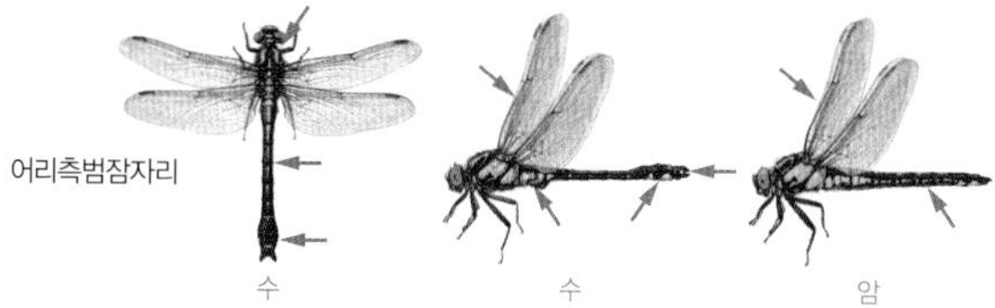

어리측범잠자리

수   수   암

24.호리측범잠자리속

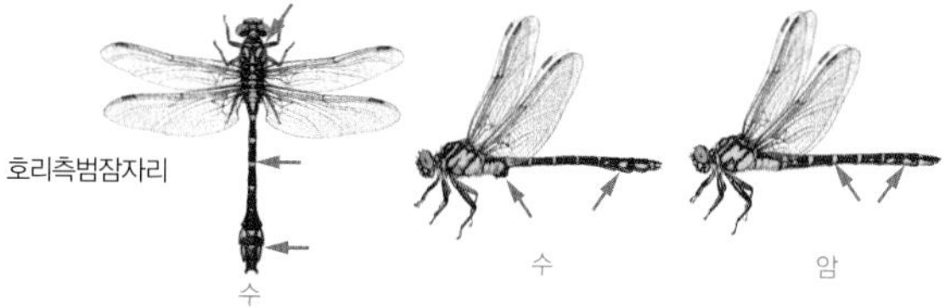

호리측범잠자리

수   수   암

25.자루측범잠자리속

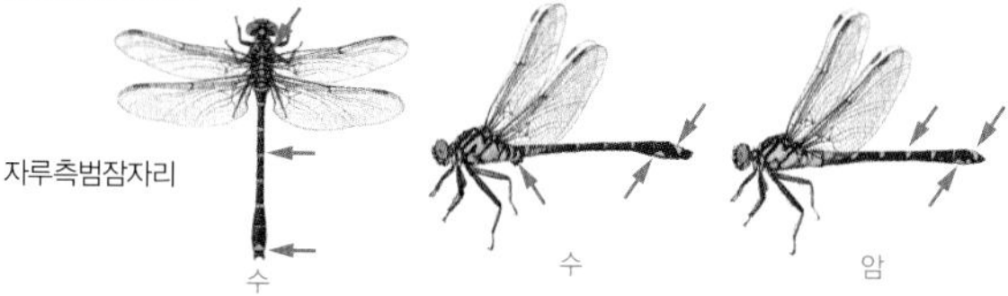

자루측범잠자리

수   수   암

26.산측범잠자리속

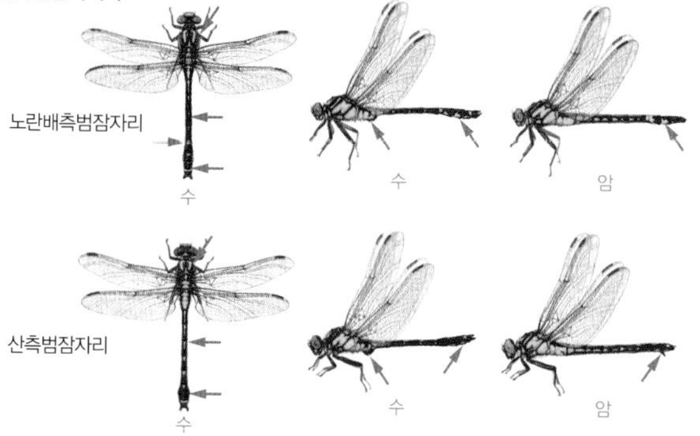

노란배측범잠자리

수   수   암

산측범잠자리

수   수   암

27. 쇠측범잠자리속

쇠측범잠자리

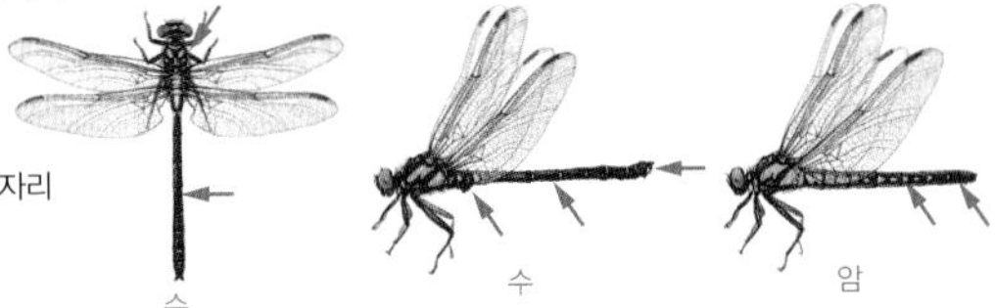

수　수　암

28. 가시측범잠자리속

검정측범잠자리

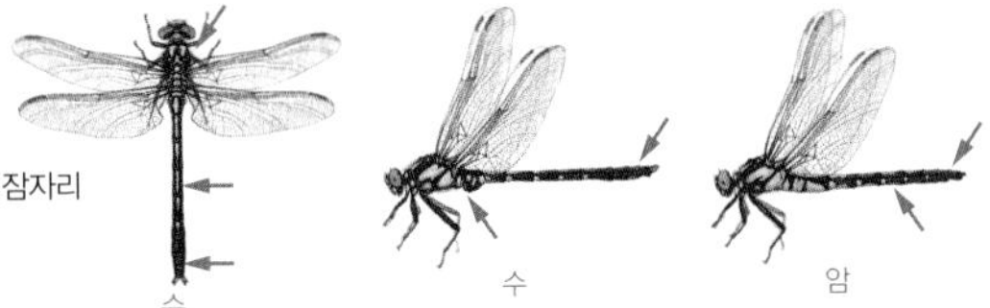

수　수　암

가시측범잠자리

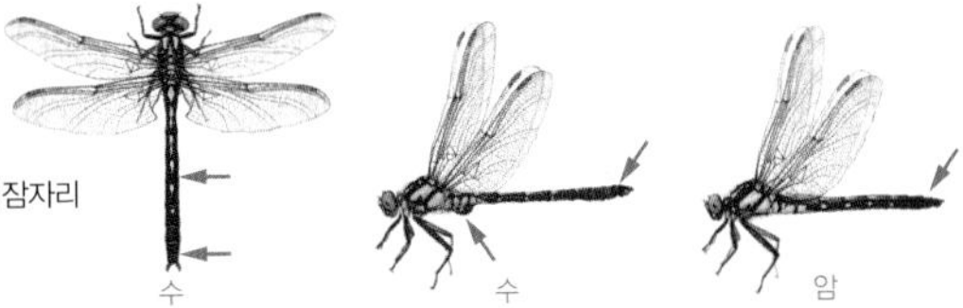

수　수　암

29. 노란측범잠자리속

노란측범잠자리

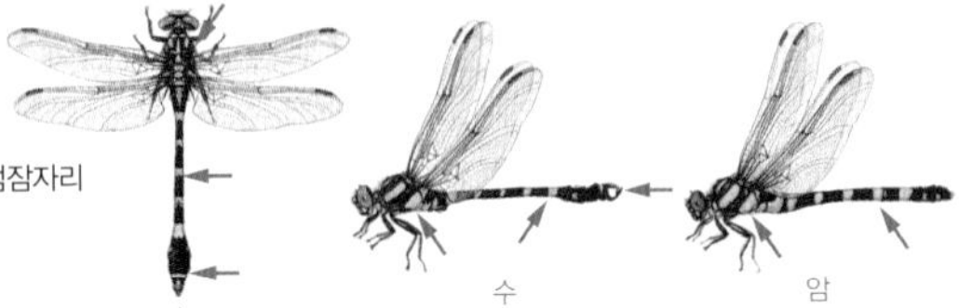

수　수　암

30. 측범잠자리속

측범잠자리

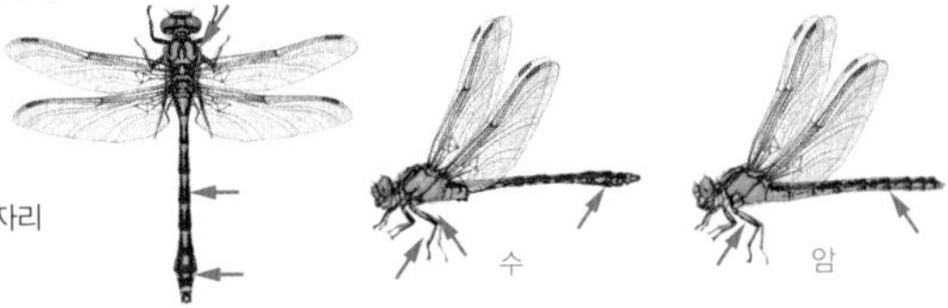

수　수　암

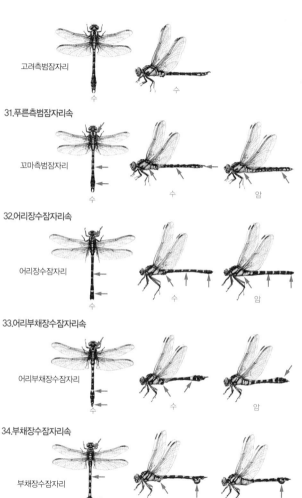

고려측범잠자리
수
수

31.푸른측범잠자리속

꼬마측범잠자리
수
수
암

32.어리장수잠자리속

어리장수잠자리
수
수
암

33.어리부채장수잠자리속

어리부채장수잠자리
수
수
암

34.부채장수잠자리속

부채장수잠자리
수
수
암

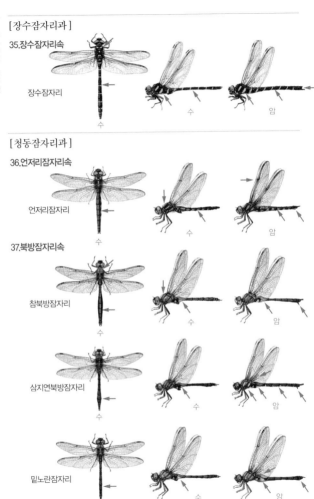

[장수잠자리과]

35. 장수잠자리속

장수잠자리

수

수   암

[청동잠자리과]

36. 언저리잠자리속

언저리잠자리

수

수   암

37. 북방잠자리속

참북방잠자리

수

수   암

삼지연북방잠자리

수

수   암

밑노란잠자리

수

수   암

백두산북방잠자리 수 / 수 / 암

[잔산잠자리과]

38.산잠자리속

산잠자리 수 / 수 / 암

39.잔산잠자리속

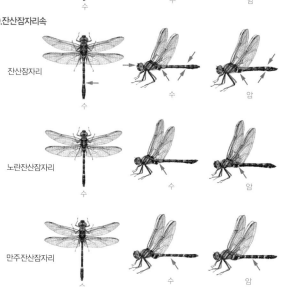

잔산잠자리 수 / 수 / 암

노란잔산잠자리 수 / 수 / 암

만주잔산잠자리 수 / 수 / 암

[잠자리과]

40.대모잠자리속

대모잠자리

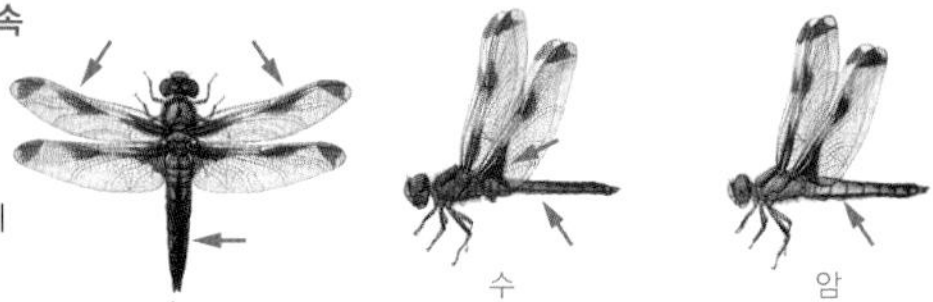

수   수   암

넉점박이잠자리

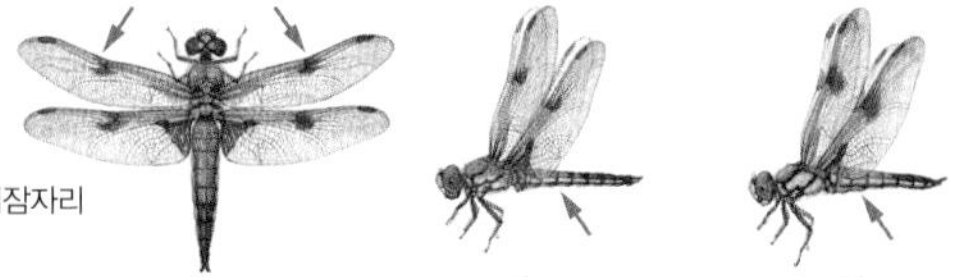

수   수   암

41.밀잠자리속

밀잠자리

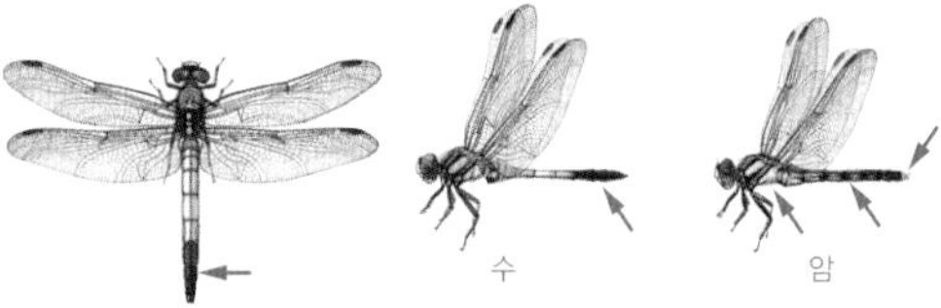

수   수   암

중간밀잠자리

수   수   암

큰밀잠자리

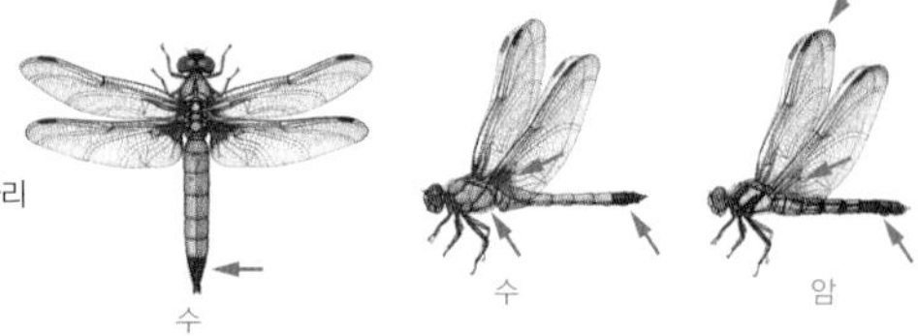

수   수   암

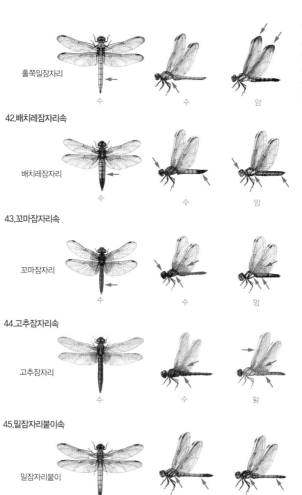

홀쭉밀잠자리

수   수   암

42.배치레잠자리속

배치레잠자리

수   수   암

43.꼬마잠자리속

꼬마잠자리

수   수   암

44.고추잠자리속

고추잠자리

수   수   암

45.밀잠자리붙이속

밀잠자리붙이

수   수   암

46.좀잠자리속

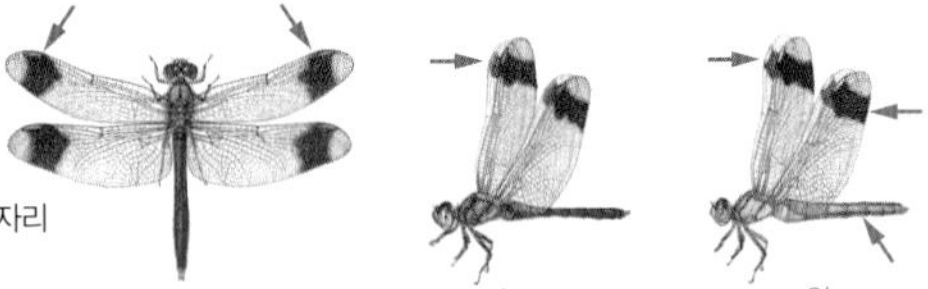

날개띠좀잠자리

수 　수 　암

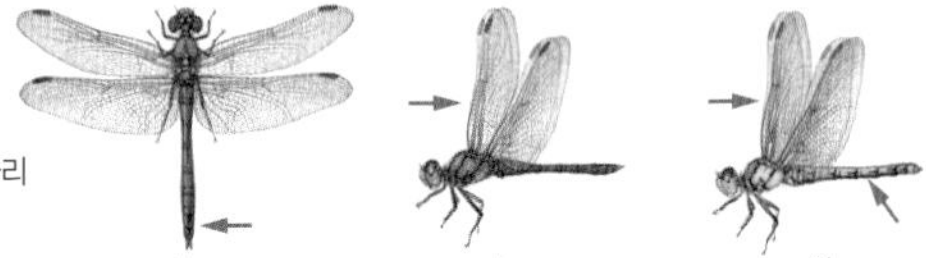

대륙좀잠자리

수 　수 　암

여름좀잠자리

수 　수 　암

고추좀잠자리

수 　수 　암

대륙고추좀잠자리

수 　수 　암

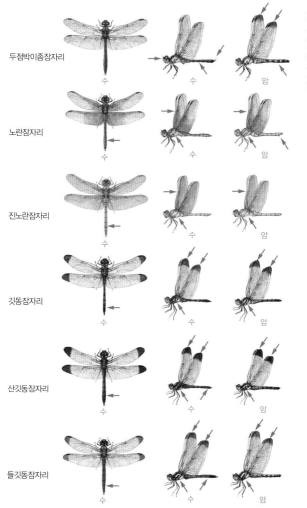

두점박이좀잠자리
수   수   암

노란잠자리
수   수   암

진노란잠자리
수   수   암

깃동잠자리
수   수   암

산깃동잠자리
수   수   암

들깃동잠자리
수   수   암

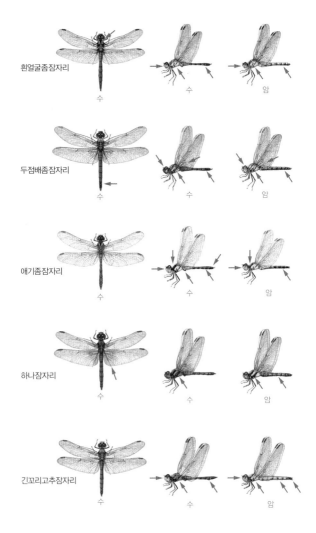

흰얼굴좀잠자리 수 / 수 / 암

두점배좀잠자리 수 / 수 / 암

애기좀잠자리 수 / 수 / 암

하나잠자리 수 / 수 / 암

긴꼬리고추잠자리 수 / 수 / 암

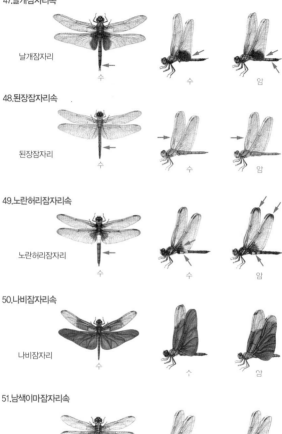

47.날개잠자리속

날개잠자리

수

수

암

48.된장잠자리속

된장잠자리

수

수

암

49.노란허리잠자리속

노란허리잠자리

수

수

암

50.나비잠자리속

나비잠자리

수

수

암

51.남색이마잠자리속

남색이마잠자리

수

수

암

우리나라에 사는 잠자리

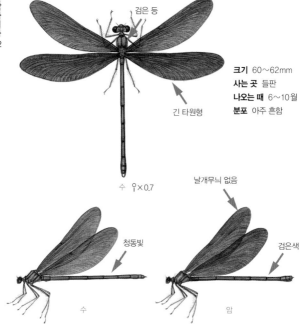

검은 등

크기 60～62mm
사는 곳 들판
나오는 때 6～10월
분포 아주 흔함

긴 타원형

수 ♀×0.7

날개무늬 없음

청동빛

검은색

수

암

검은물잠자리 검은실잠자리북 *Atrocalopteryx atrata*

검은물잠자리는 물풀이 우거진 개울이나 내 둘레에서 산다. 물살이 느리게 흐르고 물이 맑은 곳을 좋아한다. 날개가 까만데, 햇살을 받으면 푸르스름한 빛이 난다. 머리와 가슴과 꼬리는 꼭 쇠붙이처럼 반짝이는 풀빛이다. 암컷은 온몸이 까맣다. 검은물잠자리는 날개 모양이 길고 더 날씬한 느낌인데, 물잠자리는 날개 모양이 둥그스름하고 약간 작다. 6월 말에서 10월 초까지 볼 수 있다.

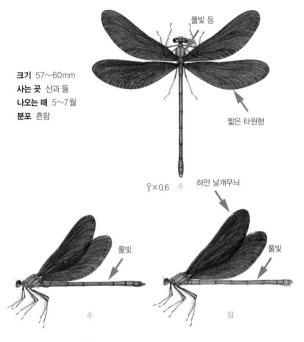

크기 57~60mm
사는 곳 산과 들
나오는 때 5~7월
분포 흔함

풀빛 등

짧은 타원형

♀×0.6　수

하얀 날개무늬

풀빛

풀빛

수

암

물잠자리 푸른물실잠자리[북] *Calopteryx japonica*

물잠자리는 물이 맑은 골짜기나 개울, 강 둘레에 산다. 갈대나 물풀이
수북이 난 곳에서 볼 수 있다. 앉을 때 날개를 모아서 딱 붙이고 곧게 세
운다. 검은물잠자리처럼 날개를 접었다 폈다 한다. 물잠자리 암컷은 하
얀 날개무늬가 있고 검은물잠자리 암컷은 없다. 우리나라 어디에서나
볼 수 있지만, 제주도에서는 살지 않는다. 5월 말부터 7월 말까지 볼 수
있다.

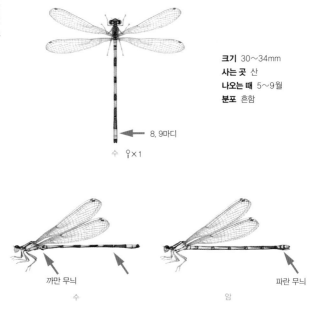

크기 30~34mm
사는 곳 산
나오는 때 5~9월
분포 흔함

8, 9마디

수 ♀×1

까만 무늬

파란 무늬

수

암

참실잠자리 *Coenagrion johanssoni*

참실잠자리는 산속 물풀이 우거진 연못이나 묵은 논, 물웅덩이, 저수지, 늪에서 날아다닌다. 제주도를 뺀 우리나라 어디에서나 흔하게 볼 수 있다. 수컷은 배에 파랗고 까만 무늬가 번갈아 나 있어서 눈에 잘 띈다. 암컷은 누르스름하다. 수컷 2번째 배마디 옆에 검은 밤색 무늬가 있어서 북방실잠자리와 가른다. 5월 초부터 9월까지 볼 수 있다.

크기 40~42mm
사는 곳 들판
나오는 때 5~8월
분포 드묾

8, 9마디

♀×1   수

까만 무늬 없음

파란 무늬 없음

수   암

북방실잠자리 작은실잠자리[북] *Coenagrion lanceolatum*

북방실잠자리는 실잠자리 가운데 몸이 제법 큰 편이다. 물풀이 수북이
자란 연못이나 늪에서 산다. 경기도와 강원도 북쪽 지역에서만 볼 수 있
다. 참실잠자리와 닮았는데, 둘째 배마디 옆에 까만 무늬가 없어서 참실
잠자리와 다르다. 수컷은 머리 뒤쪽에 동그랗고 파란 무늬가 있고 등가
슴에 파란 줄무늬가 한 줄 굵게 난다. 암컷은 몸빛이 노르스름하다. 5월
중순부터 8월까지 볼 수 있다.

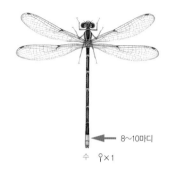

크기 31~35mm
사는 곳 바닷가
나오는 때 5~9월
분포 흔함

8~10마디

수 ♀×1

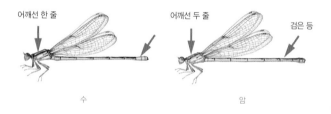

어깨선 한 줄

어깨선 두 줄

검은 등

수

암

작은등줄실잠자리 연한줄실잠자리^북 *Paracercion melanotum*

작은등줄실잠자리는 바닷가 저수지나 둠벙, 연못, 늪에 많이 산다. 중
부와 남부 지방, 제주도에서 흔하게 볼 수 있다. 서해 바닷가에 많이 살
고 동해 쪽에는 드물다. 등줄실잠자리와 닮았는데, 수컷 등가슴 어깨에
있는 까만 줄무늬가 갈라지지 않고 한 줄로 굵다. 다른 등줄실잠자리 수
컷은 어깨에 있는 까만 줄무늬가 두 줄로 갈라진다. 암컷 몸빛은 풀빛이
다. 이름과 달리 작은등줄실잠자리가 등줄실잠자리보다 조금 더 크다.

크기 26~34mm
사는 곳 들판
나오는 때 5~9월
분포 드묾

◀── 8~10마디

♀×1 　수

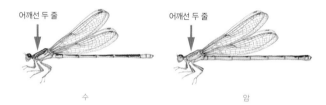

어깨선 두 줄

어깨선 두 줄

수　　　　　　　　　　　암

등줄실잠자리 *Paracercion hieroglyphicum*

등줄실잠자리는 들판에 물풀이 우거진 연못이나 저수지, 강에서 산다.
우리나라 어디서나 볼 수 있지만 수는 적다. 작은등줄잠자리와 닮았는
데 수컷 가슴 양쪽 어깨에 있는 까만 줄무늬가 두 줄로 갈라졌다. 배는
옆에서 보면 파랗고 위에서 보면 까맣다. 암컷은 몸이 풀빛이 도는 밤빛
이고 배 등은 검은 밤색이다. 5월 중순에 날개돋이를 하고 9월까지 볼
수 있다.

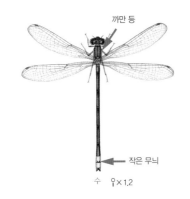

까만 등

크기 28~32mm
사는 곳 들판
나오는 때 4~10월
분포 아주 흔함

작은 무늬
수 ♀×1.2

까만 배

수

갈라진 굵은 어깨선

암

등검은실잠자리 검은줄실잠자리^북 *Paracercion calamorum*

등검은실잠자리는 물풀이 수북하게 자란 둠벙이나 연못, 저수지, 늪에
산다. 우리나라 어디에나 흔하게 산다. 4월에 날개돋이 해서 10월까지
날아다닌다. 수컷은 몸빛이 여러 가지다. 갓 날개돋이 하면 등가슴이 까
맣고 풀빛 줄무늬가 뚜렷하다. 조금 더 자라면 풀빛 줄무늬는 사라지고
등가슴이 모두 까맣게 바뀐다. 완전히 어른이 되면 잿빛 분이 가슴 등
쪽과 몸에 나타난다. 암컷은 수컷보다 누르스름하다.

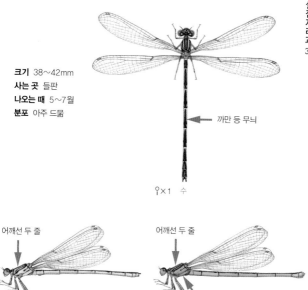

크기 38~42mm
사는 곳 들판
나오는 때 5~7월
분포 아주 드묾

까만 등 무늬

♀×1   수

어깨선 두 줄

어깨선 두 줄

풀빛 옆가슴

수   암

큰등줄실잠자리 *Paracercion plagiosum*

큰등줄실잠자리는 등줄실잠자리 무리 가운데 몸이 아주 큰 편이다. 다른 실잠자리 무리처럼 물풀이 우거진 연못이나 늪에서 사는데 아주 드물다. 5월 말부터 7월 말까지 볼 수 있다. 전북 군산. 경기 김포, 파주, 양주 같은 중부 지방에서만 가끔 볼 수 있다. 아직 덜 컸을 때는 암컷과 수컷 모두 누런 풀빛이다가 다 크면 수컷은 파랗고, 암컷은 그대로 누런 풀빛이다.

크기 28~34mm
사는 곳 들판
나오는 때 5~9월
분포 아주 흔함

작은 무늬

수   ♀×1.2

어깨선 두 줄

어깨선 두 줄

수   암

왕실잠자리 큰실잠자리[북] *Paracercion v-nigrum*

왕실잠자리는 5월 중순부터 9월까지 우리나라 어디에서나 아주 흔하게 볼 수 있다. 물풀이 수북이 자란 늪이나 연못, 저수지에 산다. 수컷은 왕등줄실잠자리 수컷과 닮았는데, 여덟 번째 배마디에 있는 V자 꼴 까만 무늬가 더 작다. 이 무늬가 없기도 한데, 이때는 등줄실잠자리 수컷과 헷갈린다. 또렷이 가르려면 꽁무니에 돋은 부속기를 보면 된다. 부속기가 등줄실잠자리보다 훨씬 가늘다.

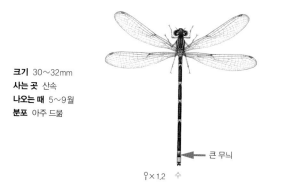

크기 30~32mm
사는 곳 산속
나오는 때 5~9월
분포 아주 드묾

← 큰 무늬

♀ × 1.2   수

어깨선 한 줄

어깨선 한 줄

수   암

왕등줄실잠자리 *Paracercion sieboldii*

왕등줄실잠자리는 2007년 강원도 횡성에서 처음 찾았다. 우리나라 어디서나 살지만 제주도에는 없다. 수가 적어서 아주 드물게 볼 수 있는데 요즘 들어 차츰 여러 곳에서 보인다. 왕등줄실잠자리와 등검은실잠자리, 왕실잠자리 수컷은 서로 닮았다. 모두 여덟 번째 배마디에 V자 꼴로 된 까만 무늬가 있다. 왕등줄실잠자리 무늬가 가장 커서 배마디 2/3쯤 된다.

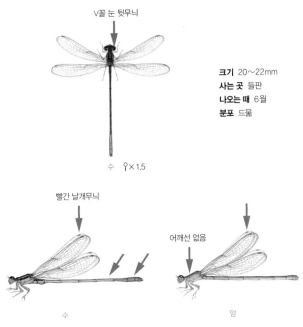

V꼴 눈 뒷무늬

크기 20∼22mm
사는 곳 들판
나오는 때 6월
분포 드묾

수   ♀×1.5

빨간 날개무늬

어깨선 없음

수   암

황등색실잠자리 반달실잠자리북 *Mortonagrion selenion*

황등색실잠자리는 물이 얕고 물풀이 우거진 논두렁이나 버려진 논에서
볼 수 있다. 실잠자리 무리 가운데 가장 가늘고 작다. 그래서 '꼬마실잠
자리'라고도 한다. 또 수컷 배 꽁무니가 빨개서 '끝빨간실잠자리'라고
도 한다. 자기가 사는 곳을 멀리 안 떠나고 둘레를 돌아다닌다. 6월 중
순부터 말까지 볼 수 있다. 크기가 작고 나타나는 때도 아주 짧아서 드
물게 본다.

크기 24~30mm
사는 곳 들판
나오는 때 4~10월
분포 아주 흔함

← 9마디

♀×1.3　수

눈 뒷무늬 없음

풀빛

수　　　암

아시아실잠자리 아세아실잠자리[북] *Ischnura asiatica*

아시아실잠자리는 물풀이 수북이 자란 연못이나 늪, 논, 저수지, 강가 웅덩이에서 아주 흔하게 볼 수 있다. 우리나라 어디에서나 산다. 다른 실잠자리보다 일찍 4월 중순부터 나와서 10월까지 날아다닌다. 수컷은 꽁무니 9번째 배마디만 파랗다. 갓 날개돋이 한 암컷은 몸빛이 빨간데 짝짓기를 할 때쯤 풀빛으로 바뀐다.

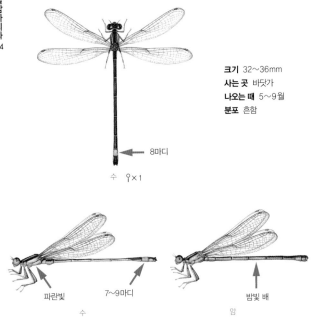

크기 32~36mm
사는 곳 바닷가
나오는 때 5~9월
분포 흔함

8마디

수 ♀×1

파란빛

7~9마디

밤빛 배

수

암

북방아시아실잠자리 *Ischnura elegans*

북방아시아실잠자리는 이름처럼 북쪽 지방에서 흔히 보는 잠자리다. 경기도와 강원도에서 5월 중순부터 9월까지 볼 수 있다. 중국 북부, 몽골, 시베리아, 일본 북해도에서도 산다. 날씨가 점점 따뜻해지면서 경기도와 강원도보다 더 북쪽으로 옮겨갈 것으로 내다보고 있다. 아시아실잠자리 수컷은 9번째 배마디만 파란데, 북방아시아실잠자리 수컷은 8번째 배마디만 파랗다.

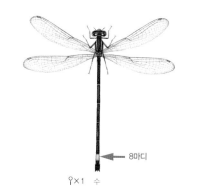

크기 32~36mm
사는 곳 들판
나오는 때 5~9월
분포 아주 흔함

8마디

♀×1 수

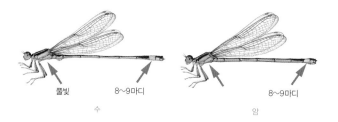

풀빛 8~9마디

수

8~9마디

암

푸른아시아실잠자리 푸른무늬실잠자리^북 *Ischnura senegalensis*

푸른아시아실잠자리는 북방아시아실잠자리와 거꾸로 따뜻한 곳에서 산다. 우리나라 중부 지방 아래쪽에서 살고, 대만과 동남아시아에서도 산다. 다른 실잠자리처럼 물풀이 우거진 연못이나 저수지에 산다. 5월 중순부터 9월까지 아주 흔하게 볼 수 있다. 수컷은 북방아시아실잠자리 수컷과 꼭 닮았다. 하지만 7번째 배마디 아래쪽이 파랗지 않아서 다르다. 암컷은 수컷과 닮기도 하고, 온몸이 밤빛을 띠기도 한다.

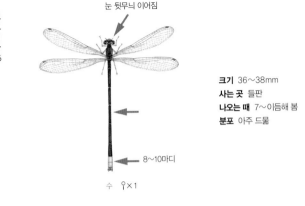

눈 뒷무늬 이어짐

8~10마디

수 ♀×1

크기 36~38mm
사는 곳 들판
나오는 때 7~이듬해 봄
분포 아주 드묾

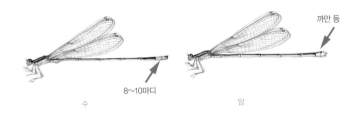

8~10마디

까만 등

수   암

작은실잠자리 *Aciagrion migratum*

작은실잠자리는 제주도에서만 아주 드물게 볼 수 있는 잠자리다. 물풀
이 수북이 자란 들판 연못이나 저수지, 늪에 산다. 다른 잠자리와 달리
어른인 채 겨울을 나고 봄이 되면 짝짓기를 한다. 겨울을 난 뒤 몸빛은
짙은 밤빛인데 짝짓기 무렵에는 암수 모두 온몸이 파래진다. 머리 뒤 양
쪽에 있는 파란 물방울무늬가 가느다란 줄무늬로 서로 이어진다. 7월부
터 이듬해 봄까지 볼 수 있다.

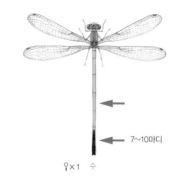

크기 38~42mm
사는 곳 들판
나오는 때 6~9월
분포 흔함

7~10마디

♀×1   수

수   풀빛

암

노란실잠자리 참노란실잠자리^북 *Ceriagrion melanurum*

몸이 노랗다고 '노란실잠자리'다. 덜 컸을 때는 암컷과 수컷 모두 노랗
다. 다 크면 수컷은 가슴만 풀빛으로 바뀌고, 암컷은 온몸이 풀빛으로
바뀐다. 또 수컷만 7~10마디 등쪽에 까만 무늬가 있다. 물풀이 우거진
연못이나 둠벙, 늪에 산다. 6월부터 9월까지 우리나라 어디서나 흔하게
볼 수 있다. 수컷은 자기 사는 곳 둘레 풀숲을 낮게 날아다닌다. 풀이 우
거져도 그 사이사이로 잘 날아다닌다.

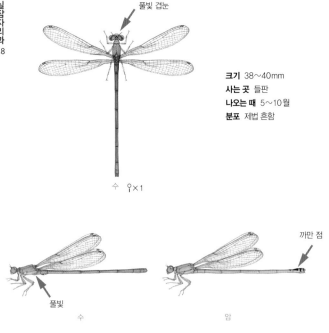

풀빛 겹눈

크기 38~40mm
사는 곳 들판
나오는 때 5~10월
분포 제법 흔함

수 ♀×1

까만 점

풀빛

수

암

새노란실잠자리 *Ceriagrion auranticum*

새노란실잠자리는 배가 빨갛다. 연분홍실잠자리와 닮았는데, 연분홍실
잠자리 수컷은 눈과 가슴이 다 빨갛고, 새노란실잠자리 수컷은 눈과 가
슴이 풀빛이다. 암컷은 배 꽁무니에 까만 점무늬가 있는데, 연분홍실잠
자리 암컷은 아무 무늬도 없다. 제주도에서 사는데, 요즘에는 전남 여수
처럼 남쪽 바닷가 연못이나 늪에서도 볼 수 있다. 물풀이 수북이 자란
연못이나 둠벙에서 산다.

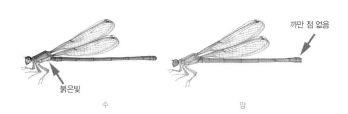

빨간 겹눈

크기 36~38mm
사는 곳 들판
나오는 때 6~9월
분포 제법 흔함

♀×1   수

까만 점 없음

붉은빛

수   암

연분홍실잠자리 *Ceriagrion nipponicum*

연분홍실잠자리는 아직 덜 자랐을 때는 겹눈이 연한 풀빛이지만 다 자라면 빨갛게 바뀐다. 수컷은 온몸이 빨갛고, 암컷은 연한 밤빛을 띤다. 새노란실잠자리 암컷과 달리 꽁무니에 까만 무늬가 없다. 남부 지방에서 흔히 볼 수 있고 중부 지방에서는 가끔 본다. 6월에 날개돋이 해서 9월까지 날아다닌다. 물풀이 우거진 연못이나 늪에 산다. 수컷은 물가 풀숲 사이를 날아다니며 다른 수컷이 못 오게 지킨다.

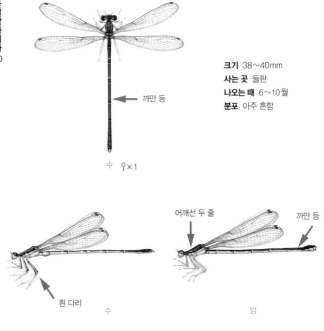

크기 38~40mm
사는 곳 들판
나오는 때 6~10월
분포 아주 흔함

까만 등

수   ♀×1

어깨선 두 줄   까만 등

흰 다리

수   암

방울실잠자리 부채실잠자리[북] *Platycnemis phyllopoda*

방울실잠자리는 제법 넓은 연못이나 저수지, 강 둘레 물이 고인 곳에
서 산다. 우리나라 어디에서나 흔하게 볼 수 있다. 6월에 날개돋이 해서
9~10월까지 날아다닌다. 방울실잠자리 수컷은 가운뎃다리와 뒷다리
종아리마디가 하얀 방패처럼 부풀어 올랐다. 암컷은 없다. 수컷은 자기
사는 둘레 풀숲에 다른 수컷이 오면 방패처럼 생긴 다리를 흔들며 다툰
다. 그러다 암컷이 오면 풀숲에 들어가 짝짓기를 한다.

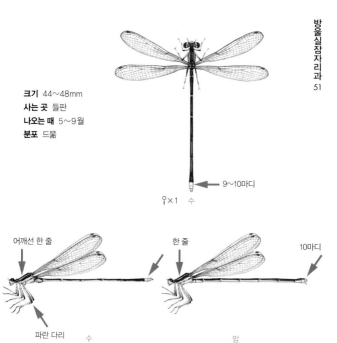

크기 44~48mm
사는 곳 들판
나오는 때 5~9월
분포 드묾

◀—— 9~10마디

♀×1   수

어깨선 한 줄

한 줄

10마디

파란 다리   수

암

자실잠자리 *Copera annulata*

자실잠자리는 강 중류와 하류 둘레 물풀이 우거진 고인 물에서 많이 산다. 중부와 남부 지방 몇몇 곳에서만 드물게 날아다닌다. 5월 말부터 9월까지 볼 수 있다. 두 눈 위쪽은 까맣고 암컷과 수컷 모두 등과 배 위쪽이 까맣다. 큰자실잠자리와 닮았는데 자실잠자리 수컷은 다리에 파란 빛이 돌고 9~10번째 배마디가 파랗다. 큰자실잠자리 수컷은 10번째 배마디만 파랗다.

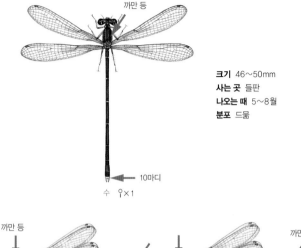

까만 등

크기 46~50mm
사는 곳 들판
나오는 때 5~8월
분포 드묾

10마디

수 ♀×1

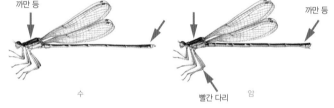

까만 등

까만 등

수

암

빨간 다리

큰자실잠자리 *Copera tokyoensis*

큰자실잠자리는 들판에 있는 늪이나 둠벙, 연못에 산다. 중부와 남부
지방에서 드물게 볼 수 있다. 5월에 날개돋이 해서 8월까지 날아다닌다.
자실잠자리보다 몸집이 더 크다. 실잠자리 가운데 몸집은 큰 편인데, 날
개는 몸집에 견주어 작다. 가슴 어깨에 있는 줄무늬가 가늘어서 등가슴
이 온통 까맣게 보인다.

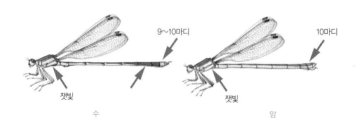

파란 겹눈

크기 36~40mm
사는 곳 들판
나오는 때 6~10월
분포 드묾

풀빛

9~10마디

수

♀×1

9~10마디

10마디

잿빛

잿빛

수

암

좀청실잠자리 작은날개파란실잠자리[북] *Lestes japonicus*

좀청실잠자리는 암컷과 수컷 눈이 모두 파랗다. 온몸은 금속처럼 반짝
이는 풀빛이다. 들판 연못이나 늪, 저수지에서 산다. 물가 둘레 풀숲 그
늘에 잘 붙어 있다. 다른 실잠자리와 달리 내려앉을 때 날개를 접지 않
고 활짝 편다. 6월 중순에 날개돋이 해서 10월까지 날아다닌다. 경기 북
부와 서울, 남부 지방에서 드물게 볼 수 있다.

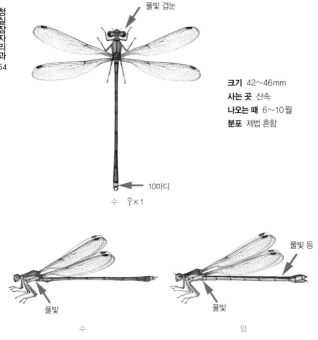

풀빛 겹눈

크기 42~46mm
사는 곳 산속
나오는 때 6~10월
분포 제법 흔함

10마디

수 ♀×1

풀빛 등

풀빛

풀빛

수 암

큰청실잠자리 *Lestes temporalis*

큰청실잠자리는 좀청실잠자리와 닮았지만 몸이 더 크다. 또 눈이 파랗지 않고 풀빛이다. 등가슴이 짙은 풀빛이고 옆가슴은 뒷날개 쪽이 연한 풀빛이다. 산속에 있는 연못이나 늪에 살고 높은 산에도 산다. 좀청실잠자리와 달리 숲이 우거진 곳에서 산다. 6월 중순부터 10월까지 제법 흔하게 볼 수 있다. 다른 잠자리와 달리 알을 물속에 안 낳고 나무줄기 속에 낳는다.

크기 34~38mm
사는 곳 산과 들
나오는 때 7~이듬해 5월
분포 아주 흔함

♀×1　수

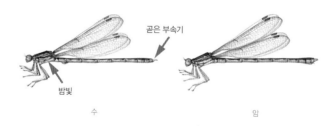

곧은 부속기

밤빛

수　　　　암

묵은실잠자리 *Sympecma paedisca*

묵은실잠자리는 암수 모두 밤색이다. 등가슴 어깨 쪽에 밝은 밤색 무늬가 있고 그 가운데로 짙은 밤색 줄무늬가 가늘게 나타난다. 산속이나 들판에 물풀이 수북이 자란 연못이나 늪, 저수지, 논에서 많이 산다. 우리나라 어디서나 흔히 볼 수 있다. 다른 실잠자리와 달리 어른인 채로 겨울을 난다. 겨울에는 햇볕이 잘 들고 바닥이 축축한 마른 풀 줄기 밑에 붙은 채 아무 것도 안 먹고 꼼짝 않고 지낸다.

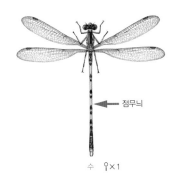

점무늬

크기 34~38mm
사는 곳 산속
나오는 때 7~이듬해 5월
분포 제법 흔함

수 ♀×1

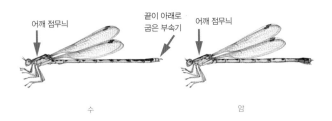

어깨 점무늬   끝이 아래로 굽은 부속기   어깨 점무늬

수   암

가는실잠자리 *Indolestes peregrinus*

가는실잠자리는 산속에 물풀이 많이 자란 작은 웅덩이나 논, 늪에 산다. 우리나라 어디에서나 흔히 볼 수 있다. 묵은실잠자리와 작은실잠자리처럼 어른인 채로 겨울을 난다. 볕이 잘 드는 나뭇가지에 마치 나뭇가지처럼 직각으로 가슴과 배를 곧추세우고 앉아서 눈이 와도 그대로 맞으며 꼼짝 않는다. 겨울을 날 때는 암컷과 수컷 모두 밤빛이지만 4월부터 몸빛이 파랗게 바뀌면서 짝을 찾는다.

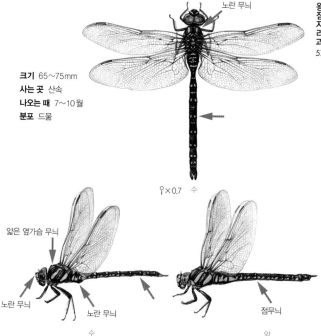

크기 65~75mm
사는 곳 산속
나오는 때 7~10월
분포 드묾

노란 무늬

♀×0.7 수

얇은 옆가슴 무늬

노란 무늬 노란 무늬

점무늬

수 암

별박이왕잠자리 별무늬왕잠자리^북 *Aeshna juncea*

별박이왕잠자리는 높은 산속 차가운 물이 흐르는 골짜기 옆 연못이나
웅덩이에서 산다. 강원도와 경기도 위쪽인 중부와 북부 지방에서 산다.
남쪽 지방에서는 잘 볼 수 없다. 7월부터 10월 초까지 날아다닌다. 까만
배에 파란 점과 노랗고 풀빛이 나는 점무늬가 박혀 있다. 별박이왕잠자
리는 첫 번째 배마디 옆쪽에 노란 점무늬가 있고, 참별박이왕잠자리는
노란 점무늬가 없다.

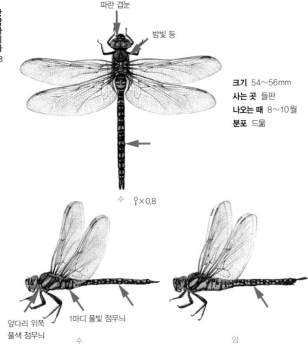

파란 겹눈

밤빛 등

크기 54~56mm
사는 곳 들판
나오는 때 8~10월
분포 드묾

수   ♀×0.8

앞다리 위쪽
풀색 점무늬

1마디 풀빛 점무늬

수   암

애별박이왕잠자리 줄별잠자리[북] *Aeshna mixta*

애별박이왕잠자리는 왕잠자리 무리 가운데 가장 작다. 들판에 갈대 같
은 물풀이 우거진 연못이나 늪에서 산다. 일산, 파주, 시흥, 영종도 같은
경기도 지역에서 드물게 볼 수 있다. 수컷은 겹눈이 파랗고, 암컷은 풀빛
이다. 별박이왕잠자리처럼 연못 둘레 풀숲을 날아다니며 작은 날벌레
를 잡아먹는다. 해거름에 많이 날아다닌다. 다른 수컷을 쫓아내고 연못
한 가운데에 멈춰 제자리 난다.

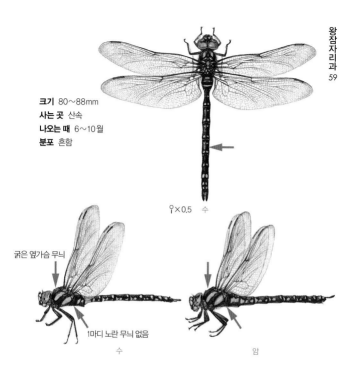

크기 80~88mm
사는 곳 산속
나오는 때 6~10월
분포 흔함

♀×0.5 수

굵은 옆가슴 무늬

1마디 노란 무늬 없음

수   암

참별박이왕잠자리 얼룩왕잠자리[북] *Aeshna crenata*

참별박이왕잠자리는 별박이왕잠자리와 닮았지만, 첫 번째 배마디 옆쪽에 노란 점무늬가 없다. 별박이왕잠자리 무리 가운데 몸집이 가장 크다. 다 자란 수컷은 짙은 밤색이고 암컷은 수컷보다 더 밝은 밤색이다. 산속이나 산과 잇닿은 작은 연못이나 웅덩이, 늪, 저수지에 산다. 경기도와 강원도, 경상북도, 충청도에서 흔하게 볼 수 있다. 6~7월에 날개돋이해서 10월까지 날아다닌다.

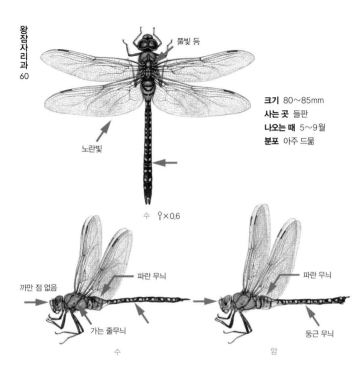

풀빛 등

크기 80~85mm
사는 곳 들판
나오는 때 5~9월
분포 아주 드묾

노란빛

수 ♀×0.6

까만 점 없음

파란 무늬

파란 무늬

가는 줄무늬

둥근 무늬

수

암

남방왕잠자리 *Anax guttatus*

남방왕잠자리는 동남아시아와 중국 남부 지방에서 사는데, 봄에 바람을 타고 우리나라로 날아온다. 예전에는 제주도에서 아주 드물게 볼 수 있었는데, 지금은 대구와 청주, 인천에서도 가끔 보인다. 남방왕잠자리는 왕잠자리랑 닮았는데 몸집이 더 크다. 옆에서 보면 배에 동그란 무늬가 있고, 왕잠자리는 네모난 무늬가 있어서 다르다. 암컷과 수컷 모두 옆가슴에 뚜렷한 줄무늬가 없고 풀빛이다.

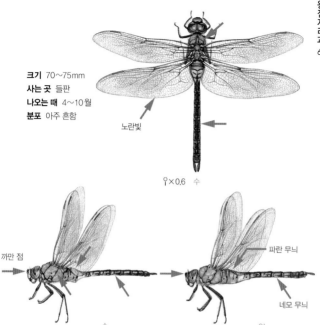

크기 70~75mm
사는 곳 들판
나오는 때 4~10월
분포 아주 흔함

노란빛

♀×0.6 수

까만 점

파란 무늬

네모 무늬

수   암

왕잠자리 은왕잠자리^북 *Anax parthenope julius*

왕잠자리는 어디에서나 흔하게 볼 수 있다. 남쪽 한라산부터 북쪽 백두
산까지 두루 산다. 탁 트인 연못이나 너른 저수지, 강에서도 산다. 4월
말부터 10월까지 볼 수 있다. 왕잠자리는 겹눈과 가슴이 풀빛이고 가슴
에 줄무늬가 없다. 배는 밤색 바탕에 누르스름한 네모꼴 무늬가 있다.
남방왕잠자리 이마에는 까만 점무늬가 없고, 왕잠자리 이마에는 까만
점무늬가 있다.

풀빛 등

크기 73~80mm
사는 곳 산과 들
나오는 때 4~8월
분포 흔함

수 ♀×0.6

까만 점

굵은 줄무늬

수

파란 무늬 없음

둥근 무늬

암

먹줄왕잠자리 검은줄은잠자리^북 *Anax nigrofasciatus*

먹줄왕잠자리는 우리나라 어디서나 흔하게 볼 수 있다. 4월 말부터 날개돋이 해서 8월까지 날아다닌다. 왕잠자리와 닮았지만 옆가슴에 까만 두 줄이 더 굵고 또렷해서 '먹줄왕잠자리'다. 왕잠자리는 들판에 있는 탁 트인 연못에서 살고, 먹줄왕잠자리는 산과 이어지고 둘레에 숲이 있는 작은 연못이나 저수지에 산다. 수컷은 물가 둘레에서 1~2m 높이로 빠르게 날아다니며 암컷을 찾는다.

크기 64~68mm
사는 곳 들판
나오는 때 6~9월
분포 드묾

♀×0.7 암

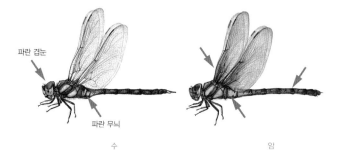

파란 겹눈

파란 무늬

수　　　　　　　　　　　　　　　암

도깨비왕잠자리 *Anaciaeschna martini*

도깨비왕잠자리는 들판에 있는 늪이나 연못, 묵은 논에서 드물게 볼 수 있다. 물풀이 수북하게 자라고 물이 얕고 사방으로 탁 트인 곳을 좋아한다. 제주도와 경상도, 전라도, 충청도에서 살고 경기도 남부 몇몇 곳에서도 볼 수 있다. 6월 말부터 9월까지 날아다닌다. 도깨비왕잠자리 몸은 불그스름한 밤색이다. 수컷 겹눈은 파랗고, 암컷은 짙은 풀색이다. 암컷 날개 뿌리 쪽이 짙은 밤색이어서 쉽게 알아본다.

크기 70~75mm
사는 곳 들판
나오는 때 6~10월
분포 드묾

노란 점무늬

수   ♀×0.6

1마디 파란 무늬

수   암

잘록허리왕잠자리 모기잡이잠자리[북] *Gynacantha japonica*

잘록허리왕잠자리는 개미허리왕잠자리처럼 두 번째 배마디가 잘록한데
수컷 배마디가 더 가늘다. 개미허리왕잠자리 옆가슴에는 노란 줄무늬
가 두 줄 있지만, 잘록허리왕잠자리 옆가슴은 풀빛이다. 중부와 남부 지
방에서 드물게 볼 수 있다. 6월 말부터 10월까지 날아다닌다. 낮에는 나
무가 우거진 숲 속에서 나무에 매달려 지낸다. 해거름에 나와 낮게 날면
서 작은 날벌레를 잡아먹는다.

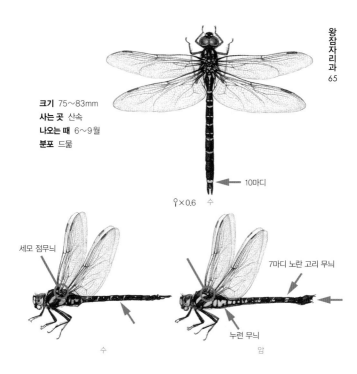

크기 75~83mm
사는 곳 산속
나오는 때 6~9월
분포 드묾

10마디

♀×0.6   수

세모 점무늬

7마디 노란 고리 무늬

누런 무늬

수   암

황줄왕잠자리 *Polycanthagyna melanictera*

황줄왕잠자리는 배 옆으로 노란 줄무늬가 있어서 이런 이름이 붙었다. 산속이나 산과 이어진 연못이나 웅덩이에 산다. 연못이나 웅덩이 둘레에 이끼가 자라고 숲이 우거진 그늘진 곳을 좋아한다. 제주도와 남부 지방에 드물게 산다. 용인, 양평 같은 경기 남부 몇몇 곳에서도 가끔 보이지만 아직까지 경기 북부 지방에서는 보이지 않는다. 6월부터 9월까지 날아다닌다.

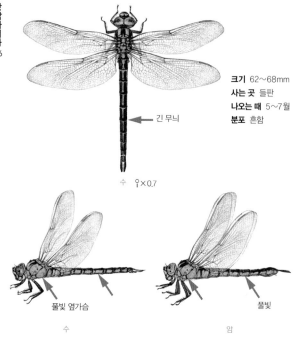

크기 62~68mm
사는 곳 들판
나오는 때 5~7월
분포 흔함

← 긴 무늬

수 ♀×0.7

풀빛 옆가슴

수

풀빛

암

긴무늬왕잠자리 푸른잠자리[북] *Aeschnophlebia longistigma*

긴무늬왕잠자리는 들판에 갈대가 많이 자란 연못이나 늪에서 산다. 아침부터 풀숲 위를 날아다니며 작은 날벌레를 잡아먹는다. 풀숲 사이를 요리조리 잘 날아다닌다. 10시가 지나면 풀숲에 내려앉아 몸을 숨기고 해거름까지 자주 쉰다. 5월부터 7월까지 우리나라 어디에서나 흔하게 볼 수 있다. 긴무늬왕잠자리는 등가슴에 풀빛 줄무늬가 있고 큰무늬왕잠자리와 달리 옆가슴에 까만 줄무늬가 없다.

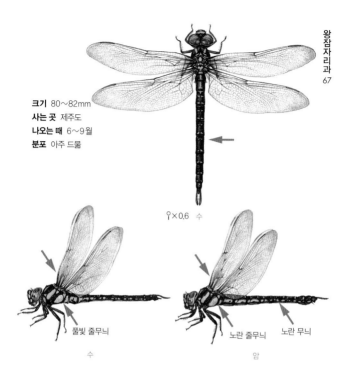

크기 80〜82mm
사는 곳 제주도
나오는 때 6〜9월
분포 아주 드묾

♀×0.6 수

풀빛 줄무늬

수

노란 줄무늬 노란 무늬

암

큰무늬왕잠자리 *Aeschnophlebia anisoptera*

큰무늬왕잠자리는 제주도에서만 아주 드물게 볼 수 있다. 1941년에 일
본 학자가 찾아냈지만 그 뒤로는 볼 수가 없었다. 1988년에야 제주도에
서 사는 애벌레를 찾았고, 2005년에는 제주도에서 날아다니는 어른벌
레를 찾았다. 따뜻한 날씨를 좋아하는 잠자리다. 숲이 우거지고 물풀이
수북이 자란 연못이나 늪에서 산다. 연못 위나 둘레를 높이 날면서 작
은 날벌레를 잡아먹는다.

크기 75~85mm
사는 곳 산
나오는 때 7~9월
분포 드묾

수   ♀×0.6

위로 솟구침

노란 무늬   세로 무늬

수   암

개미허리왕잠자리 짤룩허리잠자리[북] *Boyeria Maclachlani*

개미허리왕잠자리는 수컷 세 번째 배마디가 개미허리처럼 잘록하다. 다 크면 겹눈은 짙은 풀빛을 띤다. 물풀이 수북이 자라고 물이 맑은 개울이나 내에 산다. 수컷은 개울을 위아래로 오르내리며 자기가 사는 곳에 다른 수컷이 못 들어오게 막는다. 1m 높이로 빠르게 날아다닌다. 해뜰참이나 해거름에 많이 나와 날아다니며 작은 날벌레를 잡아먹는다. 7월부터 9월까지 드물게 볼 수 있다.

크기 67~76mm
사는 곳 들판
나오는 때 6~9월
분포 아주 드묾

♀×0.6 수

노란 점

수   암

한국개미허리왕잠자리 *Boyeria jamjari*

한국개미허리왕잠자리는 우리나라에만 사는 잠자리다. 경기도 양평과
연천, 강원도 횡성에서만 산다. 2011년에 처음 찾아냈다. 나무와 풀이
우거진 냇물에서 산다. 사는 모습이나 생김새가 개미허리왕잠자리와 닮
았다. 개미허리왕잠자리 수컷은 3번째 배마디가 매우 가늘고 4~6번째
배마디가 넓지만, 한국개미허리왕잠자리 수컷은 배가 조금 더 가늘고
4~6번째 배마디는 넓어지지 않는다.

크기 62~65mm
사는 곳 제주도
나오는 때 5~8월
분포 아주 드묾

수 ♀×0.7

이마 노란 점

굵은
1~3마디

배 밑
노란 점무늬

수

암

한라별왕잠자리 *Sarasaeschna pryeri*

한라별왕잠자리는 일본과 대만에 사는 잠자리로 알려졌다. 그런데 2009년에 제주도에서도 사는 모습을 찾았다. 한라산 기슭에 둘레가 확 트인 웅덩이나 늪에서 산다. 5월 초부터 8월까지 날아다니는데 아주 드물다. 암수 모두 가슴이 까맣고 옆가슴에 굵고 노란 줄무늬가 있다. 배는 까맣고 노란 점무늬가 있다. 사는 모습은 더 밝혀져야 한다.

크기 50~54mm
사는 곳 산, 강
나오는 때 5~7월
분포 드묾

♀×0.8   수

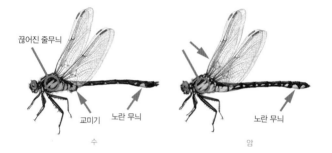

끊어진 줄무늬

교미기   노란 무늬

노란 무늬

수   암

마아키측범잠자리 넓은꼬리등줄잠자리[북] *Anisogomphus maacki*

마아키측범잠자리는 강 상류나 중류에서 날개돋이 한 뒤 산으로 날아
가 산다. 높은 산에서도 볼 수 있다. 산길 둘레를 날아다니고 물가나 땅
바닥에 잘 내려앉는다. 5월 중순부터 7월까지 우리나라 어디서나 살지
만 그리 많이 보이지는 않는다. 배 꽁무니가 눈에 띄게 넓다. 몸빛은 까
맣고 풀빛을 띤 노란 무늬가 있다. 두 겹눈은 짙은 풀빛이다.

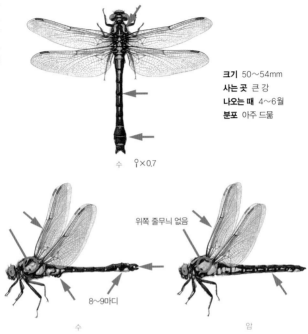

크기 50~54mm
사는 곳 큰 강
나오는 때 4~6월
분포 아주 드묾

수 ♀×0.7

위쪽 줄무늬 없음

8~9마디

수

암

어리측범잠자리 *Shaogomphus postocularis*

어리측범잠자리는 다른 측범잠자리와 달리 등가슴에 풀빛이 도는 노란 무늬가 Z 꼴로 서로 마주보며 나 있다. 배는 까맣고, 배 등 쪽 가운데로 노란 세로 줄무늬가 나 있는데 뒤쪽으로 갈수록 가늘게 좁아진다. 수컷 꽁무니는 불룩하다. 큰 강과 여러 물줄기가 합쳐지는 곳에서 산다. 4월 말부터 6월까지 중부와 남부 지방에서 아주 드물게 날아다닌다. 수컷은 물줄기 가운데까지 날아다니며 텃세를 부린다.

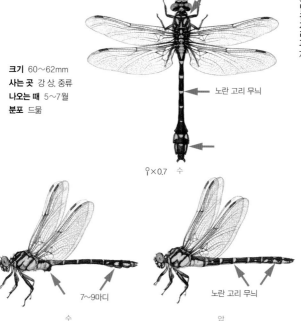

크기 60~62mm
사는 곳 강 상. 중류
나오는 때 5~7월
분포 드묾

노란 고리 무늬

♀×0.7   수

7~9마디

노란 고리 무늬

수   암

호리측범잠자리 둥근무늬등줄잠자리[북] *Sthlurus annulatus*

호리측범잠자리는 등가슴에 노란 가로 줄무늬와 세로 줄무늬가 양쪽으로 마주 나 있다. 옆가슴은 노랗고 까만 줄무늬가 있다. 가운데 까만 줄무늬는 끊어져 둘로 나뉜다. 온 나라에 살지만 쉽게 보기 힘들다. 5월 말부터 7월까지 날아다닌다. 물이 느릿느릿 흐르는 강 상류나 중류에서 산다. 날개돋이 한 뒤로 물가 산이나 숲에 들어가 살다가 짝짓기 때 다시 물가로 날아온다.

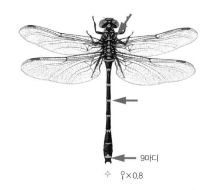

크기 48~50mm
사는 곳 강 중. 하류
나오는 때 5~8월
분포 제법 흔함

9마디

수 ♀×0.8

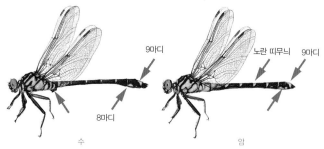

9마디

8마디

수

노란 띠무늬 9마디

암

자루측범잠자리 *Burmagomphus collaris*

애벌레 더듬이가 긴 자루처럼 생겼다고 '자루측범잠자리'다. 다른 측범
잠자리와 닮았는데 크기는 작은 편이다. 온몸은 까맣고 푸르스름한 노
란 무늬가 나 있다. 겹눈은 풀빛이다. 꽁무늬가 곤봉처럼 불룩하다. 중
부와 남부 지방에서 제법 흔히 볼 수 있다. 5월 말부터 8월까지 날아다닌
다. 강 중류와 하류에서 사는데, 둘레에 있는 숲이나 풀밭에서도 볼 수
있다.

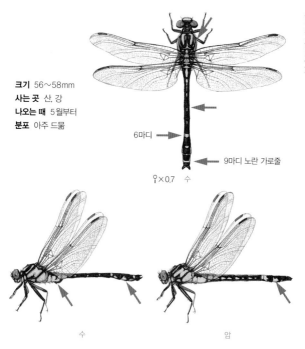

크기 56~58mm
사는 곳 산, 강
나오는 때 5월부터
분포 아주 드묾

6마디

9마디 노란 가로줄

♀×0.7 수

수 암

노란배측범잠자리 *Asiagomphus coreanus*

노란배측범잠자리는 우리나라에만 사는 잠자리다. 1937년에서 대구에서 처음 찾아냈다. 수컷 배 위쪽으로 노란 무늬가 물방울 떨어지듯 흐르는데 산측범잠자리보다 더 흐릿하다. 6번째와 9번째 배마디 끝에 노란 가로 줄무늬가 뚜렷하다. 몇몇 곳에서만 살고 날개돋이 하면 곧바로 산속으로 날아가서 보기 어렵다. 다 큰 암컷은 짝짓기를 하고 혼자 골짜기문 읽른 난며 암을 떨어뜨려 낳는다

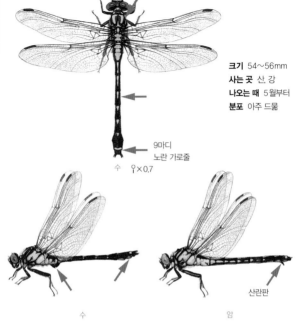

크기 54~56mm
사는 곳 산, 강
나오는 때 5월부터
분포 아주 드묾

9마디
노란 가로줄

수   ♀×0.7

수   암

산란판

산측범잠자리 *Asiagomphus melanopsoides*

산측범잠자리는 노란배측범잠자리와 똑 닮았다. 하지만 배 위쪽에 있
는 노란 무늬가 더 뚜렷하고 길쭉하다. 수컷은 배 아래쪽에 있는 교미기
가 노란배측범잠자리보다 더 불룩하고, 암컷은 배 꽁무니에 알 낳는 산
란판이 가시처럼 아래로 돋았다. 노란배측범잠자리처럼 우리나라에만
사는 잠자리다. 1933년에 처음 찾아냈다. 몇몇 곳에서만 살아서 아직까
지 사는 모습이 잘 알려지지 않았다.

크기 40~44mm
사는 곳 산
나오는 때 4~6월
분포 아주 흔함

← 등 무늬 없음

♀×0.8　수

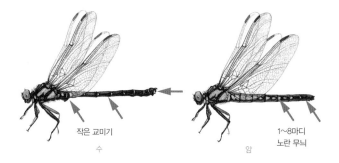

작은 교미기
수

1~8마디
노란 무늬
암

쇠측범잠자리 작은검은등줄잠자리[북] *Davidius lunatus*

쇠측범잠자리는 앞쪽에서 보면 등가슴에 'ㅅ'자 꼴 노란 무늬가 있다. 옆가슴에 풀빛이 도는 노란 무늬가 있는데, 그 가운데로 까만 무늬가 뾰족하게 솟는다. 제주도를 뺀 우리나라 어디에서나 볼 수 있다. 다른 잠자리보다 이른 4월 말부터 나와 6월까지 날아다닌다. 6월 중순이 지나면 거의 볼 수 없다. 산골짜기 맑은 물가에서 산다.

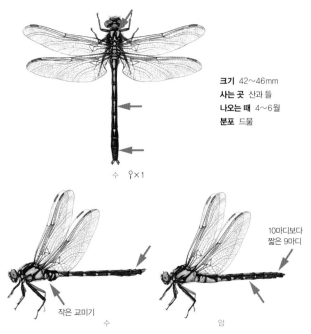

크기 42~46mm
사는 곳 산과 들
나오는 때 4~6월
분포 드묾

수 ♀×1

작은 교미기

수

10마디보다
짧은 9마디

암

검정측범잠자리 애기잠자리^북 *Trigomphus nigripes*

검정측범잠자리는 가시측범잠자리와 똑 닮았다. 생김새만 보고는 가려
내기가 어렵다. 검정측범잠자리 수컷은 2~3번째 배 밑에 있는 교미기가
가시측범잠자리보다 덜 튀어나왔다. 암컷은 9~10번째 배마디가 가시측
범잠자리보다 길고 꽁무니 밑에 있는 생식기가 더 넓고 길게 갈라졌다.
우리나라 어디에나 살지만 수가 적어서 쉽게 못 본다. 4월 말부터 6월까
지 두 달쯤 날아다닌다.

크기 42~45mm
사는 곳 산과 들
나오는 때 4~6월
분포 제법 흔함

♀×1   수

큰 교미기

수

10마디보다
긴 9마디

암

가시측범잠자리 노란작은등줄잠자리[북] *Trigomphus citimus*

가시측범잠자리는 검정측범잠자리와 똑 닮았다. 가시측범잠자리 수컷
은 배 앞쪽 밑에 있는 교미기가 두툼하게 밖으로 더 튀어나왔다. 검정측
범잠자리와 달리 우리나라 어디에서나 제법 흔하게 볼 수 있다. 4월 말
부터 6월까지 날아다닌다. 연못이나 웅덩이, 저수지, 냇물이 천천히 흐
르는 곳에서 산다.

크기 54~56mm
사는 곳 산과 들
나오는 때 5~8월
분포 흔함

10마디
노란 줄무늬

수　♀×0.8

3~7마디
수

1~7마디
노란 고리 무늬
암

노란측범잠자리 *Lamelligomphus ringens*

노란측범잠자리는 몸빛이 까맣고 옆가슴에 굵고 노란 무늬가 두 줄 있다. 배마디마다 둥근 노란 무늬가 뚜렷하고 아주 굵다. 우리나라 어디서나 산다. 5월 말부터 8월 말까지 산과 들판에 흐르는 개울이나 내에서 흔히 볼 수 있다. 물가 둘레에 있는 넓은 풀밭이나 빈터에서 날아다닌다. 산길이나 골짜기에서도 볼 수 있다. 맨땅에도 곧잘 앉는다.

크기 55~58mm
사는 곳 산
나오는 때 6~8월
분포 아주 드묾

♀×0.8   수

노란 다리   수

노란 다리   암

측범잠자리 *Ophiogomphus obscurus*

측범잠자리는 암수 모두 온몸이 까맣고 풀빛이 돈다. 등가슴에 굵은 풀빛 줄무늬가 어깨에 있는 가는 줄무늬와 이어진다. 암수 모두 넓적다리에 노란빛이 돈다. 동유럽과 시베리아, 중국 북부, 몽골 같은 북쪽 지방에서 사는 잠자리다. 우리나라에서는 강원도와 경기도 북쪽 몇몇 깊은 산골짜기에서 6월 중순부터 8월까지 드물게 볼 수 있다.

크기 58~62mm
사는 곳 들판
나오는 때 5~8월
분포 아주 드묾

수　♀×0.7

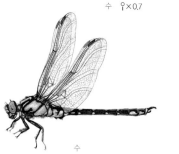

수

고려측범잠자리 *Nihonogomphus ruptus*

고려측범잠자리는 꼬마측범잠자리와 똑 닮았다. 1940년에 처음 찾아냈는데 그 뒤로 한참 안 보이다가 1989년에 경기도 양평 용문산에서 다시 찾았다. 5월부터 7월까지 흐르는 냇물 둘레에서 보인다. 애벌레는 강 중, 하류 자갈이 많이 쌓인 곳에서 산다. 애벌레로 스무 달을 보내고 어른벌레가 된다. 꼬마측범잠자리와 아주 닮아서 두 잠자리를 가르려면 아직 연구가 더 필요하다.

크기 50~52mm
사는 곳 강 상, 중류
나오는 때 4~6월
분포 아주 드묾

1~7마디
세로 줄무늬

8~10마디
가로 줄무늬

♀×0.8 수

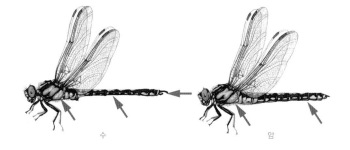

수 암

꼬마측범잠자리 *Nihonogomphus minor*

꼬마측범잠자리는 우리나라에만 사는 잠자리다. 1943년 경기도 소요산
에서 처음 찾아냈다. 중부와 북부 지역에서 4월 말부터 6월까지 아주 드
물게 볼 수 있다. 암수 모두 어렸을 때는 온몸이 까맣고 노란 무늬가 있
는데 수컷은 크면서 무늬가 파르스름하게 바뀐다. 암컷은 그대로다. 강
상류와 중류에서 산다. 수컷은 사방이 훤히 뚫린 풀밭에서 날아다니고,
암컷은 둘레 숲에서 산다.

크기 74~80mm
사는 곳 산골짜기
나오는 때 5~8월
분포 흔함

노란 무늬

9~10마디
무늬 없음

수 ♀×0.6

수

암

어리장수잠자리 작은말잠자리북 *Sieboldius albardae*

생김새나 몸집이 장수잠자리를 닮았다고 '어리장수잠자리'다. 측범잠
자리 무리 가운데 몸집이 가장 크다. 산골짜기나 강 상류, 물이 맑고 느
릿느릿 흐르는 곳에서 산다. 5월 말부터 8월까지 날아다닌다. 우리나라
어디서나 흔하게 볼 수 있다. 갓 날개돋이 하면 물가 가까운 숲이나 산
에 들어가 살다가 짝짓기 때 물가로 내려온다. 몸집이 크고 사나워서 나
비나 나방뿐만 아니라 다른 잠자리나 같은 종까지 잡아먹는다.

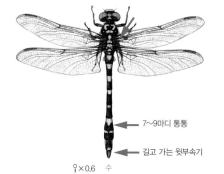

크기 67~72mm
사는 곳 강, 저수지
나오는 때 5~7월
분포 제법 흔함

7~9마디 통통

길고 가는 윗부속기

♀×0.6　수

수

암

어리부채장수잠자리 가짜부채잠자리북 *Gomphidia confluens*

부채장수잠자리와 생김새가 닮았다고 '어리부채장수잠자리'다. 부채
장수잠자리와 달리 꽁무니에 부채처럼 생긴 돌기가 없다. 암수 모두 넓
적다리가 노랗다. 또 7번째 배마디에 있는 노란 무늬가 가장 넓다. 물이
느릿느릿 흐르는 강이나 넓은 저수지에서 산다. 5월 말부터 7월까지 우
리나라 어디에서나 제법 흔하게 볼 수 있다. 경기도 양수리와 섬진강에
많다.

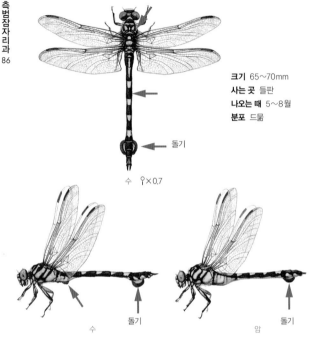

크기 65~70mm
사는 곳 들판
나오는 때 5~8월
분포 드묾

수 ♀×0.7

돌기

수 돌기

암 돌기

부채장수잠자리 부채잠자리[북] *Sinictinogomphus clavatus*

부채장수잠자리는 어리부채장수잠자리와 똑 닮았다. 하지만 부채장수
잠자리는 꽁무니 아래에 부채처럼 생긴 돌기가 있다. 물풀이 우거진 연
못이나 넓은 저수지에서 산다. 제주도부터 우리나라 어디서나 살지만
보기 드물다. 5월 말부터 8월까지 날아다닌다. 갓 날개돋이를 한 잠자리
는 둘레에 있는 숲에 들어가 살다가 다 크면 수컷만 연못이나 저수지로
나온다.

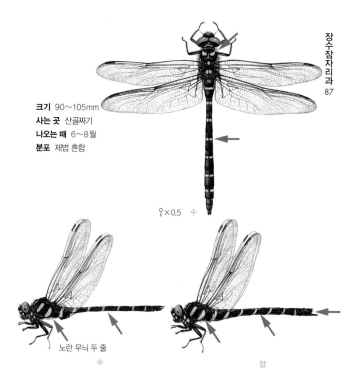

크기 90~105mm
사는 곳 산골짜기
나오는 때 6~8월
분포 제법 흔함

♀×0.5   수

노란 무늬 두 줄

수

암

장수잠자리 *Anotogaster sieboldii*

장수잠자리는 우리나라에서 사는 잠자리 가운데 몸집이 가장 크다. 가
슴 옆에 노란 무늬가 두 줄 있다. 배마디에는 노란 무늬가 고리처럼 있
다. 양쪽 겹눈 사이가 가깝고 밝은 파란색이다. 장수잠자리 무리는 양
쪽 겹눈이 서로 점으로 맞붙어서 다른 잠자리와 다르다. 우리나라 어디
에서나 제법 흔하게 볼 수 있다. 6월 중순부터 8월까지 날아다닌다. 몸
집은 크지만 작고 좁은 골짜기에 많이 산다.

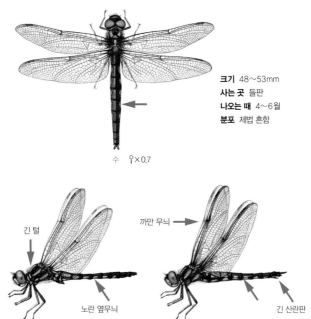

수　♀×0.7

크기 48~53mm
사는 곳 들판
나오는 때 4~6월
분포 제법 흔함

긴 털
까만 무늬
노란 옆무늬
긴 산란판
수
암

언저리잠자리 범잠자리[북] *Epitheca marginata*

좀체 안 내려앉고 물가 언저리를 맴돈다고 '언저리잠자리'다. 4월 말부터 6월까지 날아다닌다. 온 나라 어디서나 제법 흔하게 볼 수 있다. 암컷과 수컷 모두 가슴과 배가 까맣고 배 옆으로 노란 무늬가 있다. 암컷은 날개 뿌리 쪽이 거무스름하다. 물풀이 수북이 자란 연못이나 저수지에서 산다. 수컷은 물가 둘레를 날아다니며 텃세를 부린다. 늘 날아다니고 잘 안 내려앉는다.

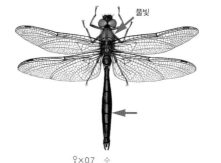

크기 52~56mm
사는 곳 산속
나오는 때 6~9월
분포 아주 드묾

♀×0.7 수

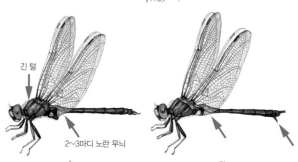

긴 털

2~3마디 노란 무늬

풀빛

수   암

참북방잠자리 *Somatochlora metallica*

참북방잠자리는 백두산북방잠자리와 닮았는데, 세 번째 배마디 밑에 있는 노란 무늬가 백두산북방잠자리보다 더 크다. 암컷 노란 무늬는 배마디 반보다 더 크다. 암컷은 옆가슴에 노란 무늬가 없어서 백두산북방잠자리와 다르다. 강원도와 충청북도보다 위쪽 지방에서 사는 잠자리다. 산속에 있는 웅덩이나 개울에서 산다. 6월 말부터 9월까지 날아다니는데 아주 드물게 볼 수 있다.

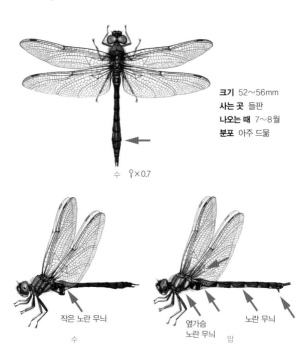

크기 52~56mm
사는 곳 들판
나오는 때 7~8월
분포 아주 드묾

수 ♀×0.7

작은 노란 무늬

수

옆가슴
노란 무늬

노란 무늬

암

삼지연북방잠자리 북곤봉잠자리^북 *Somatochlora viridiaenea*

삼지연북방잠자리는 북녘에서 사는 잠자리다. 남녘에서는 2003년도에 강원도 고성에서 잡은 적이 있다. 7월 초에서 8월 말까지 드물게 날아다닌다. 백두산북방잠자리와 생김새가 거의 닮았다. 암컷은 꽁무니 밑으로 가시처럼 돋은 산란판이 백두산북방잠자리보다 짧고 밑노란잠자리보다는 조금 길다. 물풀이 수북이 자란 연못이나 웅덩이에 산다. 북녘에 사는 잠자리여서 아직 사는 모습이 많이 알려지지 않았다.

크기 52~56mm
사는 곳 산속
나오는 때 6~9월
분포 제법 흔함

♀×0.7　수

노란 무늬

수

짧은 산란판

암

밑노란잠자리 누런날개곤봉잠자리 북 *Somatochlora graeseri*

밑노란잠자리는 삼지연북방잠자리나 백두산북방잠자리와 생김새가 닮았다. 모두 2~3번째 배마디 밑에 노란 무늬가 있다. 암컷 꽁무니 밑에 돋은 산란판 길이는 백두산북방잠자리가 가장 길고 밑노란잠자리가 가장 짧다. 암컷과 수컷 모두 머리와 가슴이 푸르스름한 풀빛이고 무늬가 없다. 암컷은 날개 뿌리 쪽이 노르스름하다. 산속에 있는 작은 연못이나 늪에서 산다. 6월말부터 9월까지 우리나라 어디서나 볼 수 있다.

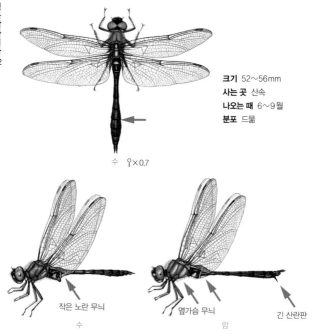

크기 52~56mm
사는 곳 산속
나오는 때 6~9월
분포 드묾

수　♀×0.7

작은 노란 무늬

옆가슴 무늬

긴 산란판

수　　　　　　　　　암

백두산북방잠자리 넓은날개곤봉잠자리[북] *Somatochlora clavata*

백두산북방잠자리는 1993년에 백두산 천지 둘레에서 처음 찾았다. 일본에서는 흔한 잠자리지만 우리나라에서는 중부와 남부 지방, 제주도에서 드물게 볼 수 있다. 산속에 있는 작은 웅덩이나 개울에서 산다. 6월 말부터 9월까지 날아다닌다. 머리와 가슴이 푸르스름한 청동색이다. 암컷 꽁무니 밑에 돋은 산란판은 가시처럼 뾰족하고 9~10번째 배마디 길이를 합친 만큼 매우 길다.

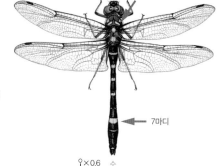

크기 72~76mm
사는 곳 들판
나오는 때 5~9월
분포 아주 흔함

← 7마디

♀×0.6   수

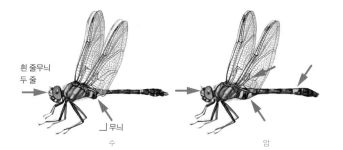

흰 줄무늬
두 줄 →

← 무늬

수   암

산잠자리 큰산잠자리[북] *Epophthalmia elegans*

산잠자리는 넓은 못이나 저수지, 호수에서 흔하게 볼 수 있다. 이름은
산잠자리지만 산보다는 들에서 많이 산다. 우리나라 어디서나 볼 수 있
다. 5월 중순부터 9월까지 날아다닌다. 겹눈이 밝은 풀색이고 가슴은
청동빛에 누런 줄무늬가 있다. 얼굴에 하얀 줄무늬가 두 줄 있다. 덩치
도 크고 힘도 세서 작은 연못을 한 마리가 다 차지한다. 넓은 저수지에
서는 서로 멀찍이 거리를 두고 자기 사는 곳을 지킨다

크기 68~72mm
사는 곳 강
나오는 때 5~8월
분포 드묾

수 ♀×0.6

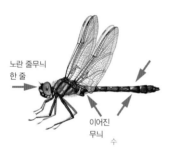

노란 줄무늬
한 줄

이어진
무늬

수

암

잔산잠자리 작은메잠자리^북 *Macromia amphigena*

잔산잠자리는 산잠자리와 똑 닮았다. 산잠자리는 널찍한 저수지나 못
에 살지만, 잔산잠자리는 느릿느릿 흐르는 강이나 내에서 산다. 우리나
라 어디서나 살지만 보기 드물다. 5월 중순부터 8월까지 날아다닌다. 산
잠자리는 앞 얼굴에 하얀 줄무늬가 두 줄 있지만, 잔산잠자리는 노란 줄
무늬가 한 줄 있다. 가슴은 청동빛이 나는데 등가슴과 옆가슴에 노란
줄무늬가 있다.

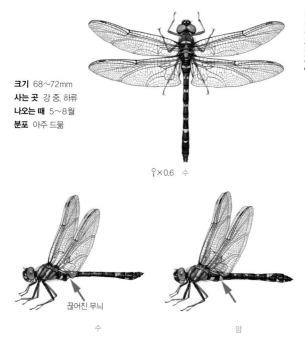

크기 68~72mm
사는 곳 강 중, 하류
나오는 때 5~8월
분포 아주 드묾

♀×0.6　수

끊어진 무늬

수　　　　　　　　암

노란잔산잠자리 노란멧잠자리 *Macromia daimoji*

노란잔산잠자리는 잔산잠자리와 똑 닮았는데, 세 번째 배마디에 있는
노란 무늬가 위아래로 끊어져서 잔산잠자리와 다르다. 1964년에 처음
찾았다. 아주 드문데, 요즘에 애벌레가 사는 강가 모래를 퍼 나르면서
살 곳이 없어져 멸종위기종이 되었다. 5월 말부터 8월까지 날아다닌다.
사는 모습은 잔산잠자리와 거의 같지만, 잔산잠자리는 풀이 수북한 물
가에 살고, 노란잔산잠자리는 모래가 쌓인 물가에 산다

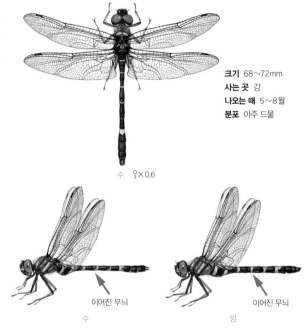

크기 68~72mm
사는 곳 강
나오는 때 5~8월
분포 아주 드묾

수 ♀×0.6

이어진 무늬

수

이어진 무늬

암

만주잔산잠자리 만주멧잠자리 *Macromia manchurica*

잔산잠자리와 똑 닮았는데 만주에서 처음 찾았다고 '만주잔산잠자리'
다. 잔산잠자리는 4~8번째 배마디 노란 무늬가 위아래로 끊어졌는데,
만주잔산잠자리는 위아래로 동그랗게 고리처럼 이어진다. 또 잔산잠자
리는 앞 얼굴 머리 위쪽에 노란 줄무늬가 있는데, 만주잔산잠자리는 없
다. 사는 모습은 잔산잠자리와 거의 닮았다. 물살이 느릿느릿 흐르는 강
에 산다. 우리나라 어디에나 살지만 아주 드물다.

크기 38~43mm
사는 곳 바닷가
나오는 때 4~6월
분포 드묾

♀×0.7　수

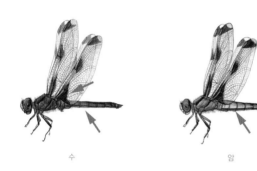

수　　　　　　　　　　　암

대모잠자리 호박점잠자리[북] *Libellula angelina*

대모잠자리는 날개 뿌리 쪽과 가운데, 끄트머리에 까만 무늬가 띄엄띄엄 있다. 이 무늬가 바다에 사는 대모거북 등 무늬와 닮았다고 '대모잠자리'다. 남부 지방 서해 바닷가 가까운 연못이나 늪에서 드물게 볼 수 있다. 4월 중순부터 6월까지 날아다닌다. 들판에 갈대 같은 물풀이 우거지고 물속에 썩은 물풀이 켜켜이 쌓인 오래된 연못이나 늪에서 산다. 2012년부터 멸종위기종으로 정해 보호하고 있다.

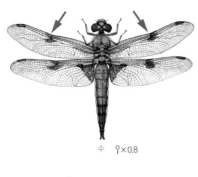

크기 40~44mm
사는 곳 바닷가, 들, 산
나오는 때 4~8월
분포 흔함

수　♀×0.8

수

암

넉점박이잠자리 네점잠자리^북 *Libellula quadrimaculata*

양쪽 날개에 까만 무늬가 네 개 있다고 '넉점박이잠자리'다. 언뜻 보면
대모잠자리랑 닮았다. 가끔 대모잠자리와 짝짓기를 한다. 대모잠자리
처럼 물풀이 수북하게 자란 연못이나 늪에서 사는데, 높이가 천 미터가
넘는 높은 산 늪에도 산다. 우리나라 어디에서나 볼 수 있는데 중부와
북부 지방에서 더 많이 볼 수 있다. 4월 말부터 7월까지 날아다니고, 높
은 산에서는 8월까지 볼 수 있다.

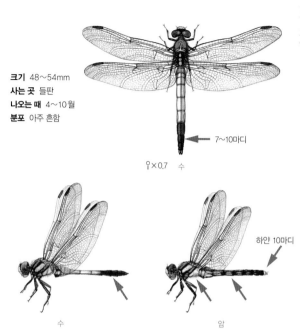

크기 48~54mm
사는 곳 들판
나오는 때 4~10월
분포 아주 흔함

7~10마디

♀×0.7   수

하얀 10마디

수   암

밀잠자리 흰잠자리북 *Orthetrum albistylum speciosum*

밀잠자리는 한여름에 우리나라 어디에서나 흔하게 볼 수 있는 잠자리다. 4월 말부터 10월까지 날아다니는데 6~8월에 가장 많다. 다른 잠자리와 달리 한꺼번에 날개돋이 해서 나오지 않고 봄부터 늦여름까지 꾸준히 나온다. 수컷은 연못이나 저수지처럼 물이 고인 곳 가장자리를 왔다갔다 날며 자기 사는 곳을 지킨다. 암컷은 물가 풀숲이나 숲 속에 살다가 짝짓기를 하러 물가로 날아온다.

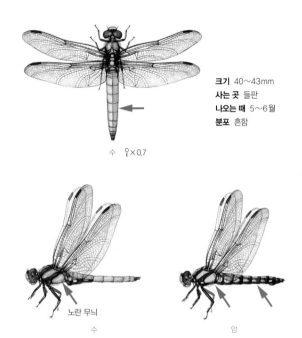

크기 40~43mm
사는 곳 들판
나오는 때 5~6월
분포 흔함

수 ♀×0.7

노란 무늬

수   암

중간밀잠자리 소금쟁이흰잠자리[북] *Orthetrum japonicum internum*

중간밀잠자리는 밀잠자리와 닮았는데 몸이 더 굵고 짧다. 중간밀잠자
리 수컷은 밀잠자리 수컷과 달리 배 꽁무니만 까맣다. 암컷은 배 옆에
있는 까만 줄무늬가 밀잠자리 암컷보다 더 굵다. 또 옆가슴에 있는 까
만 줄무늬도 밀잠자리보다 더 굵다. 논두렁이나 농사를 안 짓는 논처럼
얕은 물에서 산다. 5월 초부터 6월까지 우리나라 어디에서나 흔히 볼 수
있다. 사는 둘레가 그리 넓지 않다.

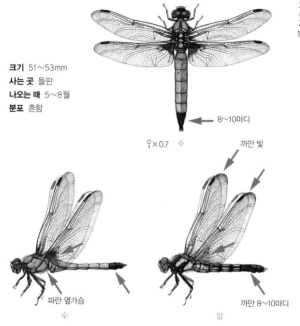

크기 51~53mm
사는 곳 들판
나오는 때 5~8월
분포 흔함

8~10마디

♀×0.7   수

까만 빛

파란 옆가슴

까만 8~10마디

수   암

큰밀잠자리 큰흰잠자리[북] *Orthetrum melania*

큰밀잠자리는 밀잠자리 무리 가운데 몸집이 가장 크다. 밀잠자리, 중간
밀잠자리와 닮았는데, 큰밀잠자리 수컷은 온몸이 푸르스름한 잿빛이고
날개 뿌리 쪽이 세모꼴로 까맣다. 또 꽁무니 끝 세 마디만 까맣다. 암컷
은 온몸이 노랗고 까만 무늬가 있는데, 날개 끄트머리가 거무스름하다.
우리나라 어디에서나 흔하게 볼 수 있다. 논두렁이나 늪, 연못에 물이
흘러들어 오는 곳처럼 물이 느릿느릿 흐르는 곳에서 많이 산다.

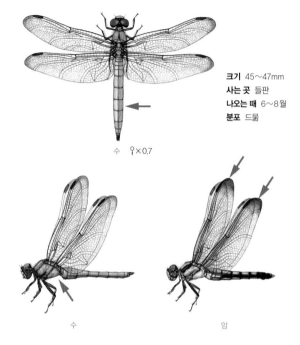

크기 45~47mm
사는 곳 들판
나오는 때 6~8월
분포 드묾

수　♀×0.7

수　　　　　　암

홀쭉밀잠자리 *Orthetrum lineostigma*

홀쭉밀잠자리는 다른 밀잠자리와 달리 암컷과 수컷 모두 날개 끝이 거무스름하다. 중간밀잠자리 수컷과 닮았지만 더 홀쭉하다. 암컷은 날개 앞쪽 가장자리가 노랗다. 물이 흐르는 작은 냇가에서 산다. 우리나라 어디서나 볼 수 있지만 드물다. 6월 초부터 8월까지 날아다닌다. 수컷은 낮게 날면서 자기 사는 곳을 지킨다. 날아다니다가 땅바닥이나 나뭇가지 끝이나 풀 줄기 끝에 잘 내려앉는다.

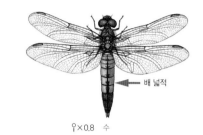

크기 34~38mm
사는 곳 들판
나오는 때 5~9월
분포 흔함

배 넓적

♀×0.8 수

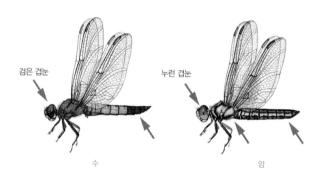

검은 겹눈

누런 겹눈

수   암

배치레잠자리 넓은배잠자리[북] *Lyriothemis pachygastra*

배치레잠자리는 다른 잠자리보다 배가 넓적하고 위아래로 납작하다. 잠
자리 가운데 몸집이 작은 편이다. 우리나라 어디서나 흔히 볼 수 있다. 5
월부터 9월까지 날아다닌다. 들판에 물풀이 우거진 작은 웅덩이나 늪에
서 산다. 수컷끼리 서로 좋은 곳을 차지하려고 쉴 새 없이 싸우다가도
자기들보다 덩치가 큰 밀잠자리라도 들어오면 함께 달려들어 쫓아낸다.

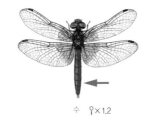

크기 17~19mm
사는 곳 산속
나오는 때 5~8월
분포 드묾

수 ♀×1.2

빨간 겹눈

수

암

꼬마잠자리 *Nannophya pygmaea*

꼬마잠자리는 이름처럼 세상에서 가장 작은 잠자리다. 오백 원짜리 동전보다도 작다. 아직 덜 큰 수컷은 밝은 밤색이지만 다 크면 머리, 가슴, 배가 모두 고추잠자리처럼 빨갛게 바뀐다. 따뜻한 동남아시아에서 많이 산다. 1957년에 충북 속리산에서 처음 찾았다. 그 뒤로 한동안 안 보이다가 1990년대에 다시 사는 모습을 찾아냈다. 우리나라 남쪽 지방에서 드물게 보이는데 요즘은 중부 지방에서도 가끔 볼 수 있다.

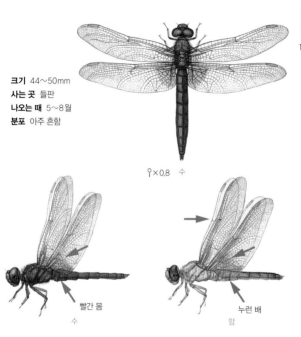

크기 44~50mm
사는 곳 들판
나오는 때 5~8월
분포 아주 흔함

♀×0.8   수

빨간 몸

수

누런 배

암

고추잠자리 초파리잠자리[북] *Crocothemis servilia mariannae*

잘 익은 고추처럼 온몸이 빨갛다고 '고추잠자리'다. 덜 자란 암수는 짙은 누런색이다. 다 자라면 수컷은 얼굴과 배까지 새빨갛게 바뀌는데, 암컷은 몸빛이 안 바뀐다. 우리나라 어디에서나 흔하게 볼 수 있다. 물풀이 수북하게 자란 연못이나 저수지에 산다. 5월부터 8월까지 날아다닌다. 자기 사는 곳을 바쁘게 날아다니며 지키고 풀 위에 잘 내려앉는다.

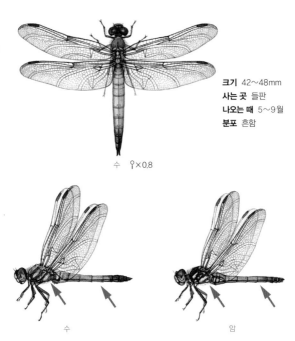

크기 42~48mm
사는 곳 들판
나오는 때 5~9월
분포 흔함

수　♀×0.8

수　　　　　　　　　암

밀잠자리붙이 작은거품띠잠자리[북] *Deielia phaon*

밀잠자리 무리와 닮았다고 '밀잠자리붙이'다. 하지만 옆가슴 무늬가 사뭇 다르다. 덜 자랐을 때는 암수 모두 몸빛이 누렇다. 수컷은 다 크면 온몸이 푸르스름한 잿빛으로 바뀐다. 들판에 있는 연못이나 늪, 저수지에서 산다. 수컷은 물가 둘레에 자란 풀 줄기 끝에 앉아 암컷을 기다린다. 우리나라 어디에서나 볼 수 있다. 5월 중순부터 9월까지 날아다닌다.

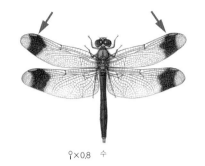

크기 32~38mm
사는 곳 산속, 들판
나오는 때 6~10월
분포 아주 흔함

♀×0.8　수

수　　　　　　　　　암

검은 배 밑

날개띠좀잠자리 *Sympetrum pedemontanum elatum*

날개띠좀잠자리는 날개 끄트머리에 불그스름한 띠무늬가 있다. 암컷과 덜 자란 수컷은 몸빛이 누르스름하다. 가을이 되면 수컷은 온몸이 빨개진다. 물이 느릿느릿 흐르는 강이나 내, 늪 가장자리에서 산다. 우리나라 어디에서나 흔하게 볼 수 있다. 수컷은 물가 풀숲에서 많이 살고, 가까운 산으로 날아가 살기도 한다. 다른 잠자리와 달리 자기 둘레에 들어온 수컷을 안 쫓아내고 함께 잘 지낸다.

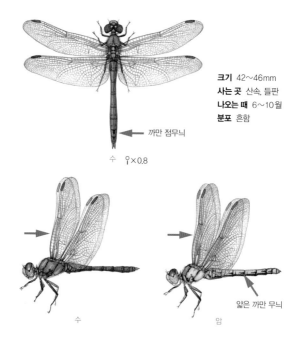

크기 42~46mm
사는 곳 산속, 들판
나오는 때 6~10월
분포 흔함

까만 점무늬

수 　♀×0.8

수　　　　　　　　　암

얇은 까만 무늬

대륙좀잠자리 대륙고추잠자리[북] *Sympetrum striolatum imitoides*

대륙좀잠자리는 옆가슴에 가느다란 까만 줄이 두 줄 있다. 날개 앞 가
장자리와 뿌리 쪽은 짙은 노란빛을 띤다. 다 자란 수컷은 가슴과 배가
빨갛다. 물이 천천히 흐르는 얕은 개울이나 내, 연못, 늪에서 산다. 우리
나라 어디에서나 볼 수 있지만 남쪽으로 갈수록 수가 적다. 제주도에서
는 아주 드물게 볼 수 있다. 갓 날개돋이 하면 산으로 들어가 여름을 난
다. 늦여름에 연못이나 물가로 내려와 짝짓기를 한다.

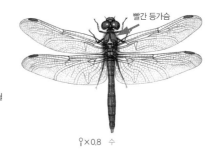

크기 36~42mm
사는 곳 들판
나오는 때 6~10월
분포 제법 흔함

빨간 등가슴

♀×0.8 수

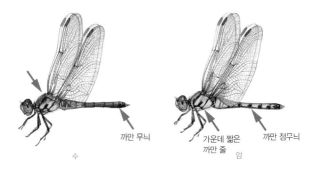

까만 무늬

가운데 짧은
까만 줄

까만 점무늬

수 암

여름좀잠자리 여름고추잠자리[북] *Sympetrum darwinianum*

여름좀잠자리는 우리가 흔히 아는 고추잠자리랑 똑 닮았다. 고추잠자
리보다 조금 더 작고, 옆가슴에 난 가운데 까만 줄무늬가 가슴 가운데
까지 굵게 나 있어서 다르다. 고추좀잠자리와도 닮았는데 고추좀잠자
리는 머리와 가슴이 밤색이지만 여름좀잠자리는 다 크면 새빨갛게 바
뀐다. 들판에 있는 연못이나 논에서 많이 산다. 6월 말부터 10월까지 우
리나라 어디서나 흔히 볼 수 있다.

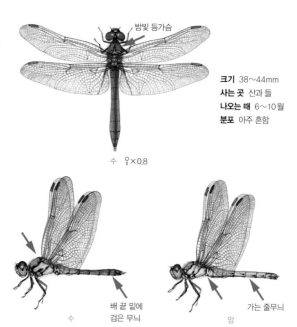

밤빛 등가슴

크기 38~44mm
사는 곳 산과 들
나오는 때 6~10월
분포 아주 흔함

수 ♀×0.8

배 끝 밑에
검은 무늬

가는 줄무늬

수

암

고추좀잠자리 고추잠자리^북 *Sympetrum frequens*

고추좀잠자리는 우리나라에서 가장 많이 살고, 가장 흔한 잠자리다. 고
추잠자리와 닮았지만 수컷은 배만 빨개서 다르다. 여름좀잠자리와도
닮았는데, 여름좀잠자리 수컷은 머리와 가슴 등 쪽까지 빨개지고 고추
좀잠자리는 그렇지 않다. 산과 들, 연못, 저수지, 강, 내, 늪 어디에서나
날아다닌다. 들판에 있는 물에서 날개돋이 한 뒤 여름에는 산으로 날아
가 살다가 가을이면 다시 밑으로 내려온다.

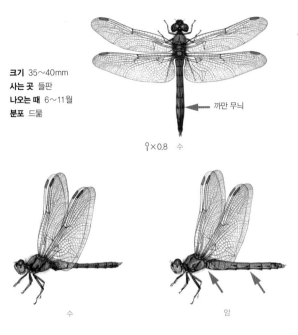

크기 35~40mm
사는 곳 들판
나오는 때 6~11월
분포 드묾

까만 무늬

♀×0.8 수

수   암

대륙고추좀잠자리 *Sympetrum depressiusculum*

대륙고추좀잠자리는 고추좀잠자리와 생김새가 똑 닮았다. 옆가슴에
난 까만 가운데 줄이 고추좀잠자리와 똑같이 가늘고 툭 끊긴다. 암컷은
2~3번째 배마디 아래가 옴폭 들어가서 고추좀잠자리 암컷과 다르다.
만주와 시베리아에서 많이 산다. 우리나라에서는 가을에 경기도 서북
부 지역 들판에 있는 늪이나 물가에서 볼 수 있다. 아직까지 고추좀잠자
리와 뚜렷이 구분되지 않아서 분류학 연구가 더 필요하다.

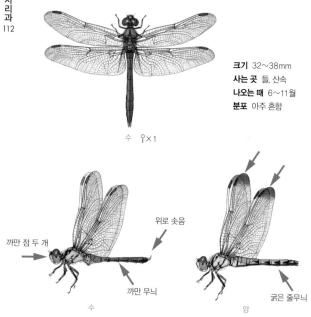

크기 32~38mm
사는 곳 들, 산속
나오는 때 6~11월
분포 아주 흔함

수 ♀×1

까만 점 두 개

위로 솟음

까만 무늬

수

굵은 줄무늬

암

두점박이좀잠자리 눈썹고추잠자리[북] *Sympetrum eroticum*

두점박이좀잠자리는 암컷과 수컷 모두 얼굴 앞에 까만 점이 두 개 있다. 수컷은 가을이 되면 배가 빨갛게 바뀐다. 암컷과 수컷 모두 겹눈 위쪽은 빨간 밤색이고 아래쪽은 풀빛이다. 들판이나 산에 있는 늪이나 연못, 도랑, 내, 저수지에 산다. 우리나라 어디에서나 흔하게 볼 수 있다. 6월 중순부터 11월까지 날아다닌다. 날개돋이 하면 둘레 물가에서 산다.

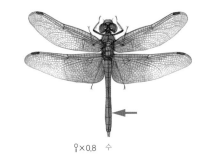

크기 36∼42mm
사는 곳 산속
나오는 때 7∼11월
분포 드묾

♀×0.8　수

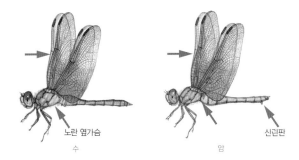

노란 옆가슴
수

신란판
암

노란잠자리 누런고추잠자리[북] *Sympetrum croceolum*

노란잠자리는 온몸이 노르스름하다. 아직 덜 자란 암컷과 수컷은 연한 노란색이고 몸에 반점이 없다. 다 자라면 수컷은 배가 빨갛게 바뀐다. 날개는 노랗다가 조금 빨갛게 짙어진다. 우리나라 잠자리 가운데 늦게 나오는 편이다. 7월쯤 나와서 11월까지 날아다니고 몇몇 곳에서는 12월까지도 날아다닌다. 제주도를 뺀 우리나라 어디에서나 사는데 드물게 볼 수 있다.

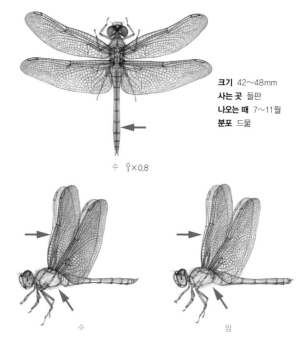

크기 42~48mm
사는 곳 들판
나오는 때 7~11월
분포 드묾

수 ♀×0.8

수   암

진노란잠자리 큰누런고추잠자리^북 *Sympetrum uniforme*

진노란잠자리는 이름과 달리 노란잠자리보다 덜 노랗다. 하지만 온 날
개와 온몸이 노랗고 노란잠자리보다 크다. 우리나라 어디에서나 사는데
드물게 볼 수 있다. 7월부터 10월까지 날아다니고, 몇몇 곳에서는 11월
까지 날아다닌다. 들판에 있는 물풀이 수북이 자란 연못에서 날개돋이
한 뒤 여름 내내 산으로 올라가 산다. 가을이 되면 낮은 들판에 있는 연
못이나 늪, 물가로 내려와 짝짓기를 한다.

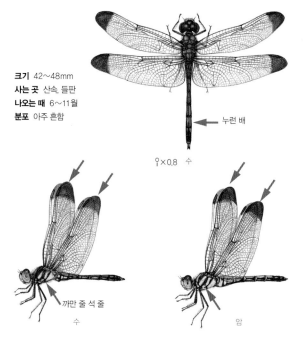

크기 42~48mm
사는 곳 산속, 들판
나오는 때 6~11월
분포 아주 흔함

누런 배

♀×0.8 수

까만 줄 석 줄

수

암

깃동잠자리 밤색이마고추잠자리[북] *Sympetrum infuscatum*

깃동잠자리는 암수 모두 저고리 둘레에 두르는 깃동처럼 날개 끄트머리
가 까맣다. 옆가슴에는 까만 줄이 석 줄 굵게 나 있다. 가운데 줄은 날
개 뿌리부터 다리 뿌리까지 굵게 이어져서 다른 깃동잠자리와 다르다.
여름에는 산으로 갔다가 짝짓기 때에는 들판에 있는 물풀이 우거진 논
이나 연못, 웅덩이, 저수지로 내려온다. 6월 중순에서 11월까지 우리나
라 어디에서나 아주 흔하게 날아다닌다.

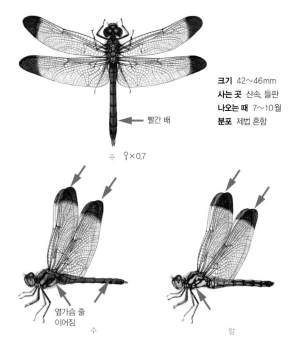

크기 42~46mm
사는 곳 산속, 들판
나오는 때 7~10월
분포 제법 흔함

→ 빨간 배

수   ♀×0.7

옆가슴 줄
이어짐

수   암

산깃동잠자리 작은밤색이마고추잠자리^북 *Sympetrum baccha*

산깃동잠자리는 날개 끄트머리가 깃동잠자리 가운데 가장 까맣고, 덩치가 크다. 또 수컷이 머리부터 배까지 빨갛게 물들어 깃동잠자리 무리 가운데 가장 눈에 띈다. 가슴 옆에 난 두 번째와 세 번째 까만 줄이 서로 어지럽게 이어져서 다른 깃동잠자리와 다르다. 사는 지역이 좁아서 몇몇 곳에서나 볼 수 있다. 7월에 나와서 10월까지 날아다닌다. 날개돋이를 하면 여름 내내 산으로 올라가 산다.

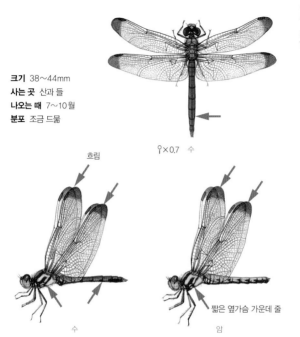

크기 38~44mm
사는 곳 산과 들
나오는 때 7~10월
분포 조금 드묾

♀×0.7 수

흐림

짧은 옆가슴 가운데 줄

수 암

들깃동잠자리 누런뺨고추잠자리[북] *Sympetrum risi*

들깃동잠자리는 다른 깃동잠자리보다 날개 끄트머리 깃동 무늬가 작고 흐리다. 또 옆가슴에 난 까만 세 줄에서 가운데 줄이 날개 뿌리까지 닿지 않고 가운데쯤에서 끝난다. 깃동잠자리는 날개 뿌리까지 이어지고, 산깃동잠자리는 세 번째 줄과 이어진다. 우리나라 어디에나 살지만 다른 깃동잠자리보다 드물다. 들이나 산기슭에 있는 물풀이 수북이 난 연못에서 산다. 다 자라면 수컷만 배가 빨개진다.

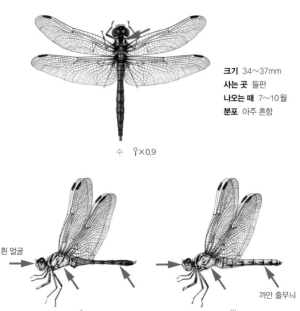

크기 34~37mm
사는 곳 들판
나오는 때 7~10월
분포 아주 흔함

수　♀×0.9

흰 얼굴

까만 줄무늬

수　　　　　　　　　암

흰얼굴좀잠자리 흰뺨고추잠자리[북] *Sympetrum kunckeli*

흰얼굴좀잠자리는 덜 자랐을 때는 몸빛이 누렇고 얼굴이 허옇다. 다 자
라면 수컷은 얼굴이 파랗게 바뀌고 배는 빨갛게 바뀐다. 암컷 얼굴은
노르스름해지고 몸빛은 그대로다. 앞날개 뿌리 밑 옆가슴에 까만 줄무
늬가 아래로 짧게 뻗어 있어서 다른 잠자리와 가른다. 들판에 물풀이
우거진 연못이나 늪에서 산다. 7월부터 10월까지 우리나라 어디에서나
아주 흔하게 볼 수 있다.

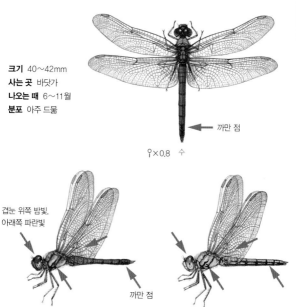

크기 40~42mm
사는 곳 바닷가
나오는 때 6~11월
분포 아주 드묾

까만 점

♀×0.8 수

겹눈 위쪽 밤빛,
아래쪽 파란빛

까만 점

수   암

두점배좀잠자리 *Sympetrum fonscolombii*

수컷 배 꽁무니 위에 까만 점이 두 개, 옆에 두 개 있어서 '두점배좀잠자
리'다. 우리나라에서는 2004년에 처음 찾아냈다. 서남아시아와 중국에
서는 많이 산다. 태풍이나 큰 바람을 타고 우리나라에 온 것 같다. 2005
년에 날개돋이 한 암컷을 찾았고 동해나 서해 바닷가에서 볼 수 있는 것
으로 봐서 이제는 우리나라에 눌러 사는 것 같다. 바다와 가까운 바닷
가 늪에서 아주 가끔 보인다.

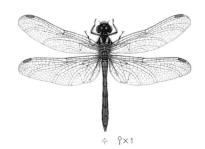

크기 32~36mm
사는 곳 들판
나오는 때 7~10월
분포 아주 흔함

수 ♀×1

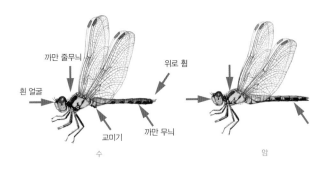

까만 줄무늬

위로 휨

흰 얼굴

교미기

까만 무늬

수   암

애기좀잠자리 애기고추잠자리[북] *Sympetrum parvulum*

애기좀잠자리는 이름처럼 다른 잠자리보다 작은 잠자리다. 암컷과 수컷
모두 가슴 어깨에 굵고 까만 줄무늬가 뚜렷하다. 우리나라 어디서나 아
주 흔하게 볼 수 있다. 7월에 나와서 10월까지 날아다닌다. 물풀이 수북
하게 자란 논두렁이나 작은 연못이나 웅덩이, 강 둘레 늪에서 산다. 수
컷은 풀숲에서 지내다가 짝짓기 때가 되면 물가로 날아온다.

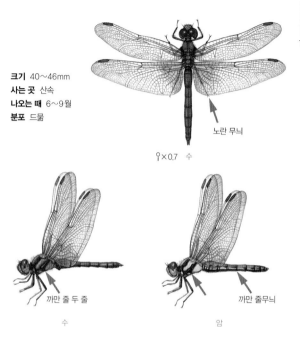

크기 40~46mm
사는 곳 산속
나오는 때 6~9월
분포 드묾

노란 무늬

♀×0.7 수

까만 줄 두 줄

까만 줄무늬

수   암

하나잠자리 *Sympetrum speciosum*

하나잠자리는 1985년에 제주도에서 처음 찾아낸 잠자리다. 2002년까지
는 제주도에서만 볼 수 있었는데 지금은 중부와 남부 지방에서도 심심
치 않게 볼 수 있다. 날씨가 따뜻해지면서 차츰 위쪽으로 올라오는 것
같다. 산속에 물풀이 자라고 가랑잎이 수북이 쌓인 연못에서 산다. 암
컷과 수컷 날개 뿌리 쪽이 넓게 노랗다. 덜 자란 암컷과 수컷 몸빛은 누
러데, 수컷은 다 자라면 온몸이 빨개진다.

크기 34~38mm
사는 곳 서해 바닷가
나오는 때 6~9월
분포 아주 드묾

수 ♀×0.8

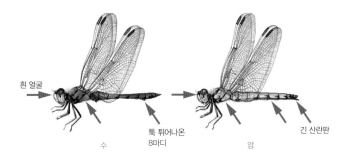

흰 얼굴

툭 튀어나온
8마디

긴 산란판

수   암

긴꼬리고추잠자리 붉은배고추잠자리[북] *Sympetrum cordulegaster*

긴꼬리고추잠자리는 암컷 꽁무니 끝에 돋은 알 낳는 판이 길다. 그래서
'긴꼬리'라는 이름이 붙었다. 고추좀잠자리, 여름좀잠자리와 닮았지만
수컷 배 옆쪽에는 까만 점이 있고, 8번째 배마디 아래쪽이 툭 튀어나와
서 다르다. 또 암컷과 수컷 모두 앞 얼굴이 하얗다. 북쪽에서 날아오는
잠자리라고 여겼는데, 요즘에는 서해 바닷가에 있는 몇몇 늪이나 연못
에서 아주 드물게 볼 수 있다. 사는 모습은 더 밝혀져야 한다.

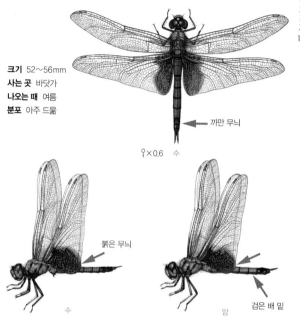

크기 52～56mm
사는 곳 바닷가
나오는 때 여름
분포 아주 드묾

← 까만 무늬

♀×0.6 수

붉은 무늬

수

암

검은 배 밑

날개잠자리 큰날개잠자리^북 *Tramea virginia*

날개잠자리는 열대 지방에서 사는 잠자리다. 여름에 태풍을 타고 우리 나라에 가끔 올라온다. 태풍이 부는 해에는 제법 볼 수 있다가 태풍이 불지 않은 해에는 거의 안 보인다. 암컷과 수컷 모두 앞날개보다 뒷날개 가 훨씬 크다. 날개 뿌리 쪽으로 불그스름한 무늬가 넓게 퍼져 있다. 여 름에 올라온 날개잠자리는 바닷가 가까이에 있는 늪이나 연못에서 가 끔 볼 수 있다.

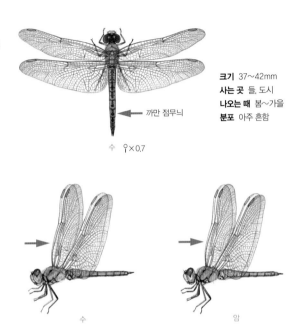

크기 37~42mm
사는 곳 들, 도시
나오는 때 봄~가을
분포 아주 흔함

까만 점무늬

수   ♀×0.7

수   암

된장잠자리 마당잠자리[북] *Pantala flavescens*

온몸이 된장처럼 누렇다고 '된장잠자리'다. 몸이 가볍고 가슴 속에 공기를 모아두는 기관이 넓어서 바람을 타고 바다를 오랫동안 날아 동남아시아에서 우리나라로 온다. 하지만 열대나 아열대 지방에서 사는 잠자리라 우리나라에서는 추운 겨울을 못 넘기고 모두 죽는다. 한여름에 온 나라 도시나 들판 어디에서나 흔하게 날아다닌다. 강이나 연못, 웅덩이, 늪 어디에서나 잘 산다.

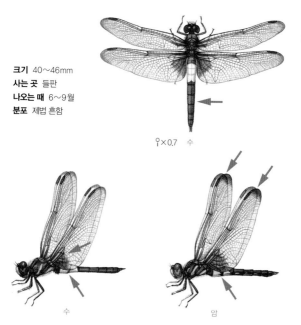

크기 40~46mm
사는 곳 들판
나오는 때 6~9월
분포 제법 흔함

♀×0.7 수

수 암

노란허리잠자리 붉은허리잠자리^북 *Pseudothemis zonata*

노란허리잠자리는 갓 날개돋이 했을 때 3~4번째 배마디가 노랗다가 다 크면 수컷만 하얗게 바뀐다. 우리나라 어디에서나 흔히 볼 수 있다. 들판 연못이나 늪, 물이 느리게 흐르는 강 가장자리에서 산다. 수컷은 물가에 난 나무 그늘이나 갈대밭에서 왔다 갔다 날아다니면서 암컷을 찾아다닌다. 암컷은 둘레 풀숲에 살아서 잘 볼 수 없다가 짝짓기 때가 되면 물가로 날아온다.

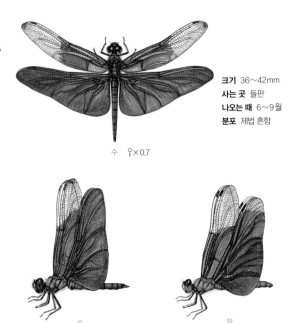

크기 36~42mm
사는 곳 들판
나오는 때 6~9월
분포 제법 흔함

수 ♀×0.7

수 암

나비잠자리 *Rhyothemis fuliginosa*

나비잠자리는 여느 잠자리와 달리 수컷 앞날개 반쯤과 뒷날개가 온통 파랗고 쇠붙이처럼 빛난다. 암컷은 까맣다. 뒷날개가 유난히 넓어서 언뜻 보면 꼭 나비 같다고 '나비잠자리'다. 중부와 남부 지방에서 볼 수 있다. 물풀이 우거지고 물속에 가랑잎이 켜켜이 쌓인 늪이나 연못에서 산다. 다른 잠자리보다 느릿느릿 나풀나풀 난다. 수컷은 물가 둘레를 지키며 높이 날다가 물속에서 뻗어 나온 물풀 줄기에 잘 내려앉는다.

크기 35~40mm
사는 곳 들판
나오는 때 여름
분포 드묾

♀×0.8   수

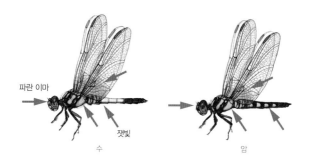

파란 이마

잿빛

수   암

남색이마잠자리 *Brachydiplax chalybea flavovittata*

남색이마잠자리는 이름처럼 이마에 파란빛이 돈다. 2010년에 제주도에
서 처음 찾았다. 원래 인도와 동남아시아에 사는데, 바람을 타고 우리
나라로 날아온다. 하지만 2012년부터 제주도에서 겨울을 나는 애벌레를
찾아낸 것으로 봐서 우리나라에서도 머물러 살게 된 것 같다. 들판에
물풀이 수북이 자란 연못이나 늪에서 산다. 우리나라에서 사는 한살이
는 더 밝혀져야 한다.

잠자리 더 알아보기

메가네우라
석탄기 후기 땅켜에서 찾아낸
잠자리 화석. 날개 편 길이가
75cm쯤 된다.

잠자리란 무엇인가?

잠자리 진화

잠자리는 지구에 맨 처음 나타난 날개를 가진 곤충이다. 고생대 석탄기인 3억 2,500만 년 전쯤에 나타난 원시잠자리(prodonata)가 잠자리 조상이다. 하지만 중생대가 되기 전에 모두 사라지고, 중생대 때 옛잠자리 무리가 나타났다. 옛잠자리 무리는 다시 잠자리 무리와 실잠자리 무리로 나뉘었다.

원시잠자리는 날개 하나 길이가 1m가 넘을 정도로 몸집이 아주 컸다. 생김새는 지금 잠자리와 많이 닮았는데, 지금 잠자리와 달리 날개 가운데쯤에 있는 날개마디와 날개 끄트머리에 있는 날개무늬가 없었다. 1880년쯤 프랑스에서 석탄기 후기 땅켜를 파다가 잠자리 화석인 '메가네우라'를 찾아냈다. 이 잠자리는 날개를 편 길이가 75cm쯤 되었다. 석탄기 때에는 물기가 많고 기온이 높고 산소가 지금보다 훨씬 많아서 곤충뿐만 아니라 다른 동물과 식물도 크기가 아주 컸다. 그 뒤로 기온이 내려가고 공기 속 산소 양도 줄면서 원시잠자리는 모두 사라지고, 다른 동식물 크기도 줄었다.

그 뒤 2억 3,000년 전쯤인 중생대 트라이아스기에 '옛잠자리'라고 하는 잠자리 조상이 나타났다. 옛잠자리 무리는 중생대 쥐라기 때 잠자리 무리와 실잠자리 무리로 나뉘었고, 모습이 크게 바뀌지 않고 지금까지 살아남았다. 그래서 잠자리는 살아있는 화석인 셈이다. 아직도 옛잠자리가 몇몇 곳에서 살고 있다. 지금은 옛잠자리 무리와 실잠자리 무리, 잠자리 무리로 크게 나눈다.

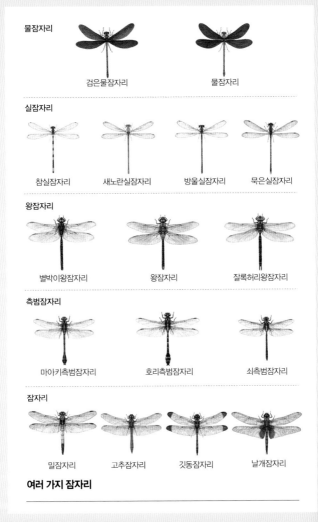

물잠자리

검은물잠자리   물잠자리

실잠자리

참실잠자리   새노란실잠자리   방울실잠자리   묵은실잠자리

왕잠자리

별박이왕잠자리   왕잠자리   잘록허리왕잠자리

측범잠자리

마아키측범잠자리   호리측범잠자리   쇠측범잠자리

잠자리

밀잠자리   고추잠자리   깃동잠자리   날개잠자리

여러 가지 잠자리

잠자리 특징

잠자리는 몸집에 견주어 날개가 커서 어떤 곤충보다도 잘 난 다. 쏜살같이 날아서 먹이를 잡고, 제자리에 멈춰 날거나 뒤로 날 수도 있다.

잠자리는 어른벌레와 애벌레 생김새와 사는 모습이 사뭇 다르 다. 애벌레 때는 물속에 살다가 물 밖으로 나와서 어른벌레가 된 다. 애벌레 때 물 밖보다 더 안전한 물속에서 살기 때문에 오랜 세 월 동안 사라지지 않고 살아남았다. 잠자리는 애벌레에서 어른벌 레가 될 때 번데기를 거치지 않는다. 이것을 '안갖춘탈바꿈'이라 고 한다.

잠자리는 앉을 때 날개를 접고 앉는 실잠자리 무리와 펴고 앉 는 잠자리 무리로 나눈다. 실잠자리 무리는 몸이 더 가늘고, 겹눈 이 서로 떨어져 양끝으로 넓게 벌어진다. 잠자리 무리는 겹눈이 서로 붙어 있다. 실잠자리 무리는 앞날개와 뒷날개 크기가 같지 만, 잠자리 무리는 뒷날개가 더 크다.

잠자리는 봄부터 늦가을까지 날아다닌다. 물이 있는 곳이면 산 과 들 어디에서나 볼 수 있다. 잠자리목을 뜻하는 'odonata'는 '이 빨'을 뜻하는 그리스 말인 'odon'에서 왔다. 잠자리가 이빨처럼 강한 턱을 가졌기 때문에 붙인 이름이다. 우리나라에서는 중종 때 펴낸 《두시언해》에 '존자리'라는 이름이 처음 나온다. 지역마 다 이름이 달라서 자마리(경기도, 전라북도), 잠자리, 나마리(충청 도), 철갱이(경상도), 장굴레(제주도), 잼자리(함경도)라고 하고 잠찌, 짱아, 촐비, 잰잘나비, 천둥벌거숭이라고도 한다.

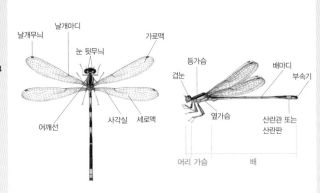

실잠자리 생김새

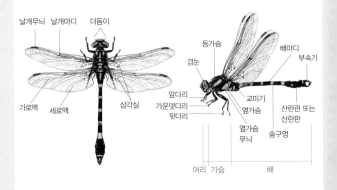

잠자리 생김새

잠자리 생김새

잠자리는 몸이 마디로 이어진다. 그래서 한자말로 '절지동물'이라고 한다. 잠자리는 절지동물 가운데 곤충 무리에 든다. 곤충 무리는 몸이 머리, 가슴, 배로 나뉜다. 또 다리가 세 쌍 있다.

잠자리 몸도 머리, 가슴, 배로 나뉜다. 머리에는 커다란 겹눈이 한 쌍 있고 홑눈이 세 개 있다. 이마에 난 더듬이는 짧다. 입은 강한 턱이 있어서 먹이를 잡으면 턱으로 씹어 먹는다.

가슴은 앞가슴, 가운뎃가슴, 뒷가슴이 있다. 앞가슴은 아주 작아서 마치 목처럼 보인다. 앞가슴에 앞다리 한 쌍이 있다. 가운뎃가슴과 뒷가슴은 한데 뭉쳐서 커다란 가슴처럼 보인다. 가운뎃가슴에서 앞날개와 가운뎃다리가, 뒷가슴에서 뒷날개와 뒷다리가 위아래로 붙는다.

배는 마디가 이어져서 기다랗다. 마디는 10마디로 되어 있고 꽁무니에 털처럼 생긴 기관이 있다. 배에는 마디마다 숨구멍이 있어 이곳으로 공기가 드나든다. 가슴과 배에는 잠자리마다 다른 무늬가 나 있고, 같은 잠자리여도 수컷과 암컷 무늬와 빛깔이 다르다.

날개는 가로줄과 세로줄이 그물처럼 어지럽게 얽혀 있다. 날개 앞쪽 가운데쯤이 끊겨져 이어진 듯 보이는 마디가 있고, 끄트머리쯤에 작고 짙은 무늬가 있다. 몇몇 잠자리를 빼면 날개는 속이 훤히 비추고 빳빳하다.

잠자리는 곤충 가운데 몸집이 제법 큰 편이다. 우리나라에 사는 잠자리 가운데 가장 큰 잠자리는 장수잠자리로 암컷이 100mm쯤 된다. 가장 작은 잠자리는 꼬마잠자리로 17mm쯤 된다.

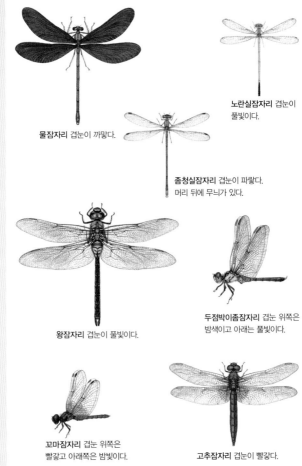

노란실잠자리 겹눈이
풀빛이다.

물잠자리 겹눈이 까맣다.

좀청실잠자리 겹눈이 파랗다.
머리 뒤에 무늬가 있다.

두점박이좀잠자리 겹눈 위쪽은
밤색이고 아래는 풀빛이다.

왕잠자리 겹눈이 풀빛이다.

꼬마잠자리 겹눈 위쪽은
빨갛고 아래쪽은 밤빛이다.

고추잠자리 겹눈이 빨갛다.

잠자리 머리

잠자리 머리는 날개와 함께 잠자리 특징이 가장 잘 드러난다. 머리에는 커다란 눈 두 개가 있다. 이 눈을 '겹눈'이라고 한다. 겹눈은 육각형으로 생긴 작은 낱눈으로 이루어진다. 왕잠자리처럼 커다란 잠자리는 낱눈이 28,000개쯤 모여서 겹눈을 이루고, 겹눈 크기가 작은 실잠자리 종류는 10,000개쯤 되는 낱눈으로 이루어진다.

이렇게 많은 낱눈 하나하나는 모두 시신경으로 이어져 앞과 옆쪽은 물론 뒤쪽까지 볼 수 있다. 하지만 움직이지 않는 동물은 여러 모습이 겹쳐 모자이크처럼 희미하게만 보인다. 그래서 풀 줄기에 앉아 가만히 기다리는 사마귀한테는 꼼짝없이 당하곤 한다. 또 가끔 헷갈려서 차나 페인트칠한 땅바닥을 물인 줄 알고 알을 낳기도 한다.

양쪽 겹눈 사이에는 작은 홑눈이 세 개 있고, 더듬이가 한 쌍 있다. 홑눈은 빛 밝기를 느끼고 멀고 가까운지, 밝고 어두운지를 알아채서 겹눈으로 보는 물체를 더 잘 알아보게 도와준다.

더듬이는 다른 곤충보다 짧다. 겹눈이 크고 잘 발달해서 더듬이가 할 일이 줄어들었기 때문이다. 입에는 집게처럼 생긴 아주 날카로운 턱이 있는데 평상시에는 입술에 가려져 있다.

북방실잠자리 옆가슴이
파랗고 까만 줄무늬가 있다.

고추잠자리 옆가슴이 빨갛다.

물잠자리 옆가슴이 풀빛이다.

노란잠자리 옆가슴이 노랗다.

장수잠자리 옆가슴에
노란 무늬가 있다.

옆가슴

하나잠자리 등가슴이 빨갛다.

자실잠자리 등가슴이
까맣고 파란 줄무늬가 있다.

긴무늬왕잠자리 등가슴에
풀빛 무늬가 있다.

언저리잠자리 등가슴에
노란 줄무늬가 있다.

마아키측범잠자리 등가슴에
'ㄱ' 꼴 무늬가 맞놓인다.

등가슴

잠자리 가슴

잠자리 가슴은 앞가슴, 가운뎃가슴, 뒷가슴으로 나누어진다. 가슴에는 날개 두 쌍과 다리 세 쌍이 붙어 있다. 가슴 속은 날개를 움직이는 근육으로 꽉 차 있다. 그래서 다른 몸통보다 큼지막하고 두툼하다.

앞가슴은 머리와 날개가 붙어 있는 날개가슴 사이를 말하며 매우 짧다. 앞다리가 한 쌍 붙어 있다. 실잠자리 무리는 짝짓기 때 수컷이 암컷 앞가슴을 붙잡기 때문에 잠자리 무리보다 앞가슴이 길다.

가운뎃가슴과 뒷가슴은 서로 붙어서 상자처럼 생겼고 '날개가슴'이라고도 한다. 날개가슴은 앞날개 한 쌍과 뒷날개 한 쌍 그리고 다리 두 쌍이 붙어 있다. 다리에는 가시가 많이 나 있어서 날면서도 먹이를 가두어 잡는다. 다리 세 쌍으로 풀잎에 앉거나 가지를 붙잡고 매달려 앉는데 걷지는 못 한다. 가슴 속은 거의 근육으로 이루어져 있어서 날갯짓을 힘차게 할 수 있다. 또 등가슴과 옆가슴에 있는 무늬는 종마다 달라서 종을 나누는 기준이 된다. 닮은 잠자리끼리 등가슴에 난 무늬와 옆가슴에 난 무늬, 빛깔을 잘 견주어 보면 서로 다른 것을 알 수 있다.

참실잠자리 배가 파랗고
까만 무늬가 있다.

노란허리잠자리 배
두 마디가 하얗다.

노란실잠자리 배가 노랗고
꽁무니에 까만 무늬가 있다.

호리측범잠자리 배 꽁무니가
넓적하다.

두점배좀잠자리 배 꽁무니에
까만 점무늬가 두 개 있다.

부채장수잠자리 배 꽁무니
밑에 부채꼴 돌기가 있다.

꼬마측범잠자리 배 등 쪽에
파란 무늬가 물 흐르듯 나 있다.

잘록허리왕잠자리 배 첫째
마디가 잘록하다.

노란배측범잠자리 배
옆에 노란 점무늬가 있다.

애별박이왕잠자리 배 옆에
파란 점무늬가 있다.

노란측범잠자리 꽁무니에 돋은
부속기가 큼지막하다.

잠자리 배

잠자리 배는 10개 마디로 이루어져 있다. 배 속에는 심장과 소화기, 배설기, 생식기가 있다. 배마디마다 숨구멍이 있다.

잠자리 종마다 배 무늬가 다르고 생김새도 다르다. 또 열 번째 마디 끝에 수컷은 교미부속기가, 암컷은 부속기가 있다. 생김새는 같은데 수컷은 짝짓기 할 때 부속기로 암컷을 꽉 움켜잡기 때문에 '교미부속기'라고 한다. 수컷 교미부속기는 위쪽 부속기와 아래쪽 부속기가 있다. 실잠자리 무리 수컷은 위쪽에 두 개, 아래쪽에 두 개이고, 잠자리 무리 수컷은 아래쪽 부속기가 하나다. 이런 생김새 때문에 짝짓기 할 때 실잠자리 무리 수컷은 암컷 앞가슴을 잡고, 잠자리 무리 수컷은 암컷 두 겹눈 사이를 잡는다.

수컷은 두 번째와 세 번째 배마디에 짝짓기 할 때 쓰는 교미기가 있다. 수컷은 배 여덟 번째 마디에서 만든 정자를 배 꽁무니를 둥글게 구부려 두 번째 배마디에 있는 교미기로 옮긴다. 그래서 잠자리가 짝짓기 할 때 암컷이 뒤에서 배를 구부려 수컷 두세 번째 마디에 있는 교미기에 대고 짝짓기를 한다. 암컷은 8번째 마디 배판에 알을 낳는 산란관이나 산란판이 있다. 산란관은 가느다란 침처럼 생겨서 식물 줄기에 찔러 넣고 알을 낳는다. 산란판은 산란관이 퇴화된 것이다. 침처럼 뾰족하지 않고 평평하게 생겨서 식물 줄기에 알을 붙이거나 물낯 위에 알을 떨어뜨리는 노릇을 한다. 암컷은 알을 지니고 있어서 수컷보다 배가 통통하다.

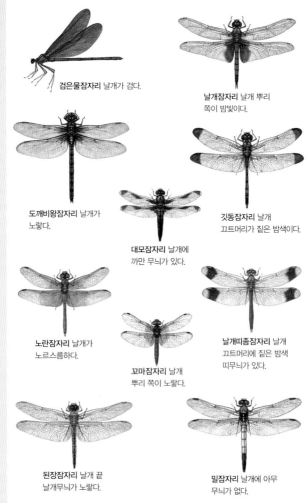

검은물잠자리 날개가 검다.

날개잠자리 날개 뿌리 쪽이 밤빛이다.

도깨비왕잠자리 날개가 노랗다.

깃동잠자리 날개 끄트머리가 짙은 밤색이다.

대모잠자리 날개에 까만 무늬가 있다.

노란잠자리 날개가 노르스름하다.

꼬마잠자리 날개 뿌리 쪽이 노랗다.

날개띠좀잠자리 날개 끄트머리에 짙은 밤색 띠무늬가 있다.

된장잠자리 날개 끝 날개무늬가 노랗다.

밀잠자리 날개에 아무 무늬가 없다.

잠자리 날개

잠자리 날개는 얇고 속이 훤히 비친다. 나뭇잎 잎맥처럼 날개 속에는 가로맥과 세로맥이 그물처럼 얽혀 있다. 날개맥은 괴발개 발 제멋대로 뻗은 것 같지만 꼼꼼히 살펴보면 잠자리 무리마다 서로 다르다. 또 날개 뿌리 쪽에 세모나거나 네모난 날개맥이 있다. 실잠자리 무리는 네모나서 '사각실', 잠자리 무리는 세모나서 '삼각실'이라고 한다. '과'마다 삼각실과 사각실 생김새가 다르다.

날개 앞쪽 가운데쯤은 두껍고 마디가 진다. 나비나 벌, 딱정벌레 날개에는 마디가 없다. 마디 덕분에 날개가 길어도 꺾이지 않고 잘 난다. 또 날개 앞 가장자리 끄트머리에는 짙은 무늬가 있다. 날개는 대부분 속이 훤히 비치지만 잠자리에 따라 무늬가 있다. 온 날개가 노랗거나 검거나 파랗기도 하고, 날개 뿌리 쪽만 노랗거나 거무스름하기도 하고, 날개 앞 가장자리가 노르스름하기도 하고, 날개 끝이나 중간중간에 짙은 무늬가 있는 잠자리도 있다.

실잠자리 무리는 앞날개와 뒷날개 크기가 엇비슷하다. 잠자리 무리는 뒷날개가 앞날개보다 더 크다. 잠자리 무리는 빨리 날아야 하기 때문에 뒷날개가 넓어졌고, 실잠자리 무리는 좁은 풀숲에서 날아야 하기 때문에 날개가 작고 가늘다. 날개가 튼튼하지 않기 때문에 몸도 실처럼 가늘게 바뀌었다. 날 때는 앞날개가 내려오면 뒷날개는 위로 올라간다. 실잠자리들은 뒤쪽으로도 날 수 있는데, 뒤로 날 때는 날개로 몸을 감싸듯이 뒤로 뒤집어 날갯짓을 한다.

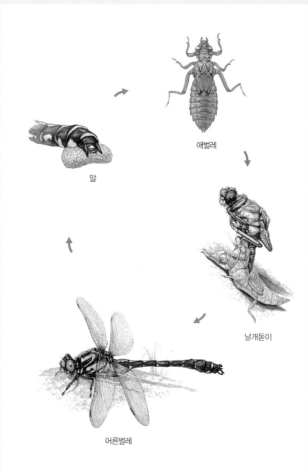

알

애벌레

날개돋이

어른벌레

잠자리 한살이

잠자리 한살이

잠자리는 애벌레 때 물속에서 살다가 다 크면 물 밖으로 나온다. 짝짓기를 하면 암컷이 다시 물속에 알을 낳는다. 잠자리는 알 – 애벌레 – 어른벌레를 거친다. 나비나 딱정벌레와 달리 번데기를 거치지 않고 애벌레에서 바로 어른벌레가 되는 '안갖춘탈바꿈'을 한다.

알은 짧으면 일주일에서 길면 몇 달을 물속에서 지낸다. 애벌레가 깨어 나오면 물속에서 허물을 여러 번 벗는다. 애벌레로 지내는 기간은 종마다 다르다. 된장잠자리는 35일쯤 지나면 어른벌레가 되고, 장수잠자리는 4~5년이 지나야 어른벌레가 된다.

한살이 기간은 잠자리마다 다르다. 된장잠자리는 한 해에 여러 번 한살이를 하는 1년 수세대이다. 온도가 높고 따뜻한 몇몇 지역에서는 아시아실잠자리와 등검은실잠자리 같은 몇몇 실잠자리가 한 해에 두 번 날개돋이를 한다. 왕잠자리 무리에 드는 별박이왕잠자리는 물이 차고 먹이가 많이 없는 산속 연못과 늪에서 산다. 그래서 첫 해에는 알로 겨울을 나고, 두 해째에는 중간쯤 자란 애벌레로 또 겨울을 나고, 그 이듬해에 날개돋이를 하는 2년 1세대 한살이를 거친다. 측범잠자리 무리도 물이 차가운 내에서 살기 때문에 애벌레로 두 해를 산다. 장수잠자리는 애벌레로 3~4년을 살아야 어른벌레가 되는 수년 1세대다. 이런 몇몇 잠자리들을 뺀 잠자리 대부분은 한 해에 한 번 알, 애벌레를 거쳐 어른벌레가 되는 1년 1세대다.

앞에 있는 수컷이 암컷
앞가슴을 부여잡는다.

실잠자리 짝짓기

앞에 있는 수컷이 암컷
뒷머리를 부여잡는다.

잠자리 짝짓기

짝짓기

잠자리는 물 밖으로 나와 어른벌레가 되면 짝짓기를 한다. 짝짓기는 몇 초만 끝나거나 몇 십 분이 걸리기도 한다. 수컷은 물가 둘레에서 텃세를 부리며 암컷을 기다린다. 다른 수컷이 자기 사는 곳에 들어오면 사납게 달려들어 쫓아낸다. 왕잠자리 무리는 넓은 연못을 돌면서 텃세를 부리고, 고추잠자리 무리는 작은 연못 물가에 난 풀 줄기에 앉아 텃세를 부린다.

잠자리가 짝짓기 하는 모습은 다른 벌레와 사뭇 다르다. 잠자리는 암컷과 수컷이 서로 기다란 배를 구부려 이어서 짝짓기를 한다. 앞쪽에 수컷이 있고, 뒤쪽에 암컷이 있다. 수컷은 2~3번째 배마디에 교미기가 있다. 수컷은 짝짓기 하기 전에 배를 구부려 배 끝 8번째 마디에 있던 정자를 앞쪽 교미기로 옮긴다. 수컷이 암컷을 잡으면 암컷은 배를 구부려 수컷 2~3번째 있는 교미기에 대고 짝짓기를 한다. 그래서 짝짓기 하는 모습이 동그란 심장꼴이다.

수컷 꽁무니에는 암컷을 잡을 수 있는 부속기가 마치 갈고리처럼 위아래로 나 있다. 실잠자리 수컷 꽁무니에는 갈고리가 위아래두 쌍 있고, 잠자리 무리 수컷은 위에 두 개, 아래에 한 개가 있다. 암컷을 만나면 실잠자리 수컷은 암컷 앞가슴을 부여잡고, 잠자리무리는 암컷 겹눈 사이를 잡는다.

알로 겨울을 안 나는 잠자리 알

된장잠자리		5–7일
아시아실잠자리		6–8일
밀잠자리		7–9일
대모잠자리		12–14일
왕잠자리		12–14일
장수잠자리		34–36일

알로 겨울을 나는 잠자리 알

고추좀잠자리		127일쯤
개미허리왕잠자리		226일쯤
청실잠자리 무리		230일쯤

알로 지내는 시간

알

잠자리 알은 크게 달걀처럼 동그란 알과 홀쭉한 원통 꼴 알이 있다. 알 생김새가 다른 까닭은 알 낳는 방법이 다르기 때문이다.

홀쭉한 원통 꼴 알은 풀 줄기 속에 낳는 알이다. 왕잠자리나 실잠자리는 뾰족한 산란관을 풀 줄기 속에 꽂고 알을 낳는다. 그래서 알 생김새도 홀쭉하다. 공중에서 알을 뿌리거나 물낯을 톡톡 치면서 알을 낳는 잠자리는 달걀처럼 둥그런 알을 낳는다.

모든 잠자리 알에는 앞과 뒤가 있다. 앞쪽은 뾰족하거나 작은 돌기가 돋아 있다. 풀 줄기에 낳는 알은 앞이 뾰족하고, 물에 낳는 알은 앞쪽에 작은 돌기가 있다. 이 앞쪽으로 애벌레가 깨어 나온다. 풀 줄기에 낳은 알은 뾰족한 앞이 바깥을 향한다. 알 크기는 실잠자리 무리는 1mm 안팎이고 왕잠자리 무리는 2mm 안팎이다. 어른벌레가 크다고 꼭 알도 큰 것은 아니다.

알은 된장잠자리처럼 일주일 만에 애벌레가 깨어 나오기도 하고, 청실잠자리 무리처럼 230일쯤 지난 뒤 깨어 나오기도 한다. 알은 물이 마르거나 온도가 낮아도 잘 견딘다. 별박이왕잠자리 무리는 알로 겨울을 난다. 이듬해 비가 와서 늪에 물이 차고 날이 따뜻해지면 그때야 애벌레가 깨어 나온다. 알로 겨울을 나지 않으면 한두 주에서 길어도 40일쯤 시나면 애벌레가 깨어 나온다. 알로 겨울을 나는 잠자리는 120~240일쯤 알로 지낸다.

큰밀잠자리   고추잠자리   쇠측범잠자리

물에 낳기

가는실잠자리

왕잠자리

물잠자리

먹줄왕잠자리

풀 줄기에 낳기

큰청실잠자리

나무에 낳기

황줄왕잠자리

잘록허리왕잠자리

장수잠자리

애기좀잠자리

진흙이나 모래, 이끼에 낳기

알 낳기

짝짓기를 마치면 암컷은 물가로 날아가 알을 낳는다. 암컷 혼자 낳기도 하고 수컷과 이어진 채 함께 낳기도 한다. 또 밀잠자리나 된장잠자리, 고추좀잠자리는 암컷 혼자 알을 낳을 때 수컷이 가까운 둘레에서 암컷을 지킨다.

왕잠자리처럼 몸집이 크고 알이 큰 잠자리는 알을 300개쯤 낳고, 밀잠자리처럼 알이 작은 잠자리는 1,000개쯤 낳는다.

알을 낳는 방법은 잠자리마다 조금씩 다르다. 실잠자리 무리와 왕잠자리는 풀 줄기 속에 알을 낳는다. 꽁무니에 뾰족한 산란관을 줄기에 찔러 넣어 알을 낳는다.

거의 모든 잠자리 암컷은 물 위를 낮게 날면서 배 꽁무니로 물낯을 톡톡 치면서 알을 낳는다. 쇠측범잠자리와 깃동잠자리 무리, 여름좀잠자리는 물 위에서 알을 뿌려 떨어뜨려 낳는다. 몇몇 측범잠자리는 물가에 있는 나뭇잎이나 바위에 앉아 알을 떨어뜨려 낳거나 물가 바위에 앉아 꽁무니를 물속에 넣고 알을 낳는다.

황줄왕잠자리와 도깨비왕잠자리, 잘록허리왕잠자리는 진흙이나 모래, 이끼에 내려앉아 꽁무니를 집어넣고 알을 낳는다. 두점박이좀잠자리와 날개띠좀잠자리, 애기좀잠자리는 논두렁이나 연못 가장자리에 있는 진흙이나 모래에 알을 붙여 낳는다. 장수잠자리는 제자리에서 날면서 물속 진흙이나 모래 속에 알을 낳는다.

실잠자리 애벌레

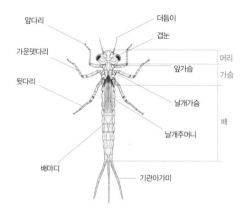

앞다리

더듬이

겹눈

가운뎃다리

앞가슴

뒷다리

머리
가슴

날개가슴

날개주머니

배

배마디

기관아가미

잠자리 애벌레

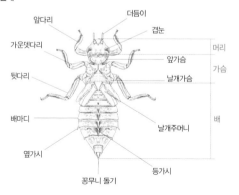

앞다리

더듬이

겹눈

가운뎃다리

머리

뒷다리

앞가슴

날개가슴

가슴

배마디

날개주머니

배

옆가시

등가시

꽁무니 돌기

생김새

애벌레

애벌레는 머리 쪽에 있는 날카롭고 뾰족한 돌기로 알 껍질을 뚫고 나온다. 몇몇 실잠자리는 알 속으로 물을 빨아들여 껍질을 벗는다. 알에서 갓 깬 애벌레는 새우처럼 생겼다. 물속에서 바로 허물을 벗고 애벌레 모습으로 바꾼다. 애벌레는 물속에서 10~15 번쯤 허물을 벗으며 몸집이 커진다. 물풀 줄기에 매달려 살거나 물 밑바닥에서 살거나 모래나 진흙 속에 파고들어 산다. 꼼짝 않고 있다가 먹이가 가까이 오면 큰턱 아래에 접혀 있는 아랫입술을 눈 깜짝 할 새에 뻗어 잡는다. 밤에 슬금슬금 먹이에게 다가가 잡기도 한다. 어릴 때는 작은 물벼룩을 잡아먹고, 몸집이 커지면 작은 물고기나 하루살이, 강도래, 모기 애벌레 같은 물벌레를 잡아먹는다.

애벌레는 물속에서 아가미로 숨을 쉰다. 실잠자리 무리 애벌레는 꽁무니 끝에 길쭉한 부채처럼 생긴 아가미가 세 개 있다. '기관아가미'라고 한다. 잠자리 무리 애벌레는 배 끝에 침처럼 뾰족한 돌기가 세 개 있다. 꽁무니로 물을 들이켜서 배 속에 있는 아가미로 숨을 쉰다. '직장아가미'라고 한다.

잠자리는 종마다 애벌레 생김새와 사는 곳이 다르다. 실잠자리 애벌레는 잠자리 무리 애벌레보다 몸집이 가늘고 길쭉하다. 장수잠자리, 쇠측범잠자리와 물잠자리 애벌레는 산골짜기 맑은 물에서만 산다. 다른 애벌레는 연못이나 웅덩이, 늪처럼 고여 있는 물에 살거나, 냇물이나 강처럼 흐르는 물에서 산다. 된장잠자리는 애벌레로 한 달쯤 살고, 장수잠자리는 4~5년을 산다.

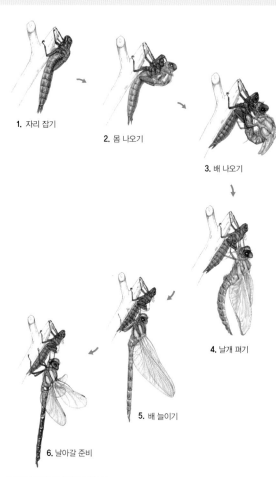

1. 자리 잡기

2. 몸 나오기

3. 배 나오기

4. 날개 펴기

5. 배 늘이기

6. 날아갈 준비

참별박이왕잠자리 날개돋이

날개돋이

　잠자리 애벌레가 물 밖에 나와 마지막 허물을 벗고 어른벌레가 되는 것을 '날개돋이'라고 한다. 마지막 애벌레는 며칠 동안 아무것도 안 먹고, 날개주머니가 부풀어 오른다. 또 겹눈이 맑아지고 물속에서 숨쉬기를 멈추고 물 밖으로 나와 공기로 숨을 쉴 준비를 한다.

　준비가 끝나면 풀 줄기나 나뭇가지에 올라와 매달리거나 바위나 풀잎 위에 올라앉는다. 왕잠자리 무리, 장수잠자리 무리, 청동잠자리 무리, 잠자리 무리는 매달려서 날개돋이 한다. 실잠자리 무리와 측범잠자리 무리는 바위나 풀잎을 딛고 날개돋이 한다.

　바위나 풀잎을 딛고 날개돋이 하는 잠자리는 날개돋이 하는 시간이 40분에서 1시간 30분쯤 걸리고, 매달려서 날개돋이 하는 잠자리는 1~2시간쯤 걸린다. 애벌레가 자리를 잡으면 등이 Y자 꼴로 갈라지면서 가슴과 머리, 날개, 다리 차례로 나온다. 몇 분이 지나 다리가 굳어 단단해지면 기다란 배를 빼낸다. 몸이 다 빠져 나오면 날개와 배가 쭉 늘어난다. 날개돋이 할 때는 꼼짝을 못 해서 천적이 없는 밤에 많이 한다. 측범잠자리처럼 날개돋이를 빨리 하는 잠자리는 날이 밝아 따뜻해질 때 날개돋이를 한다. 날개돋이 한 껍데기를 보면 안에 하얀 실이 여러 가닥 있다. 이 하얀 실은 몸속 기관이 날개돋이 하면서 함께 허물을 벗으며 생긴다. 이 실이 빠져나오면서 공기가 드나드는 숨 쉬는 길이 생긴다. 이 길을 '기관'이라고 한다.

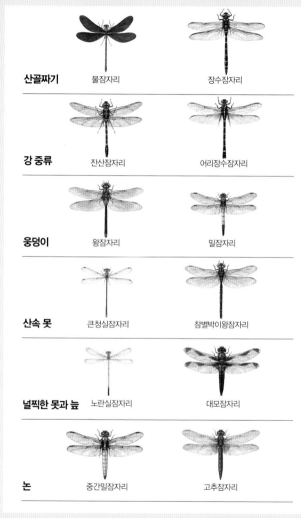

산골짜기	물잠자리	장수잠자리
강 중류	잔산잠자리	어리장수잠자리
웅덩이	왕잠자리	밀잠자리
산속 못	큰청실잠자리	참별박이왕잠자리
널찍한 못과 늪	노란실잠자리	대모잠자리
논	중간밀잠자리	고추잠자리

잠자리 사는 모습

사는 곳

　잠자리는 남극과 북극 몇몇 곳을 빼고는 온 세계 곳곳에서 산다. 잠자리가 알을 낳기 위해서는 물이 있어야 한다. 그래서 늘 물 가까이에서 산다. 잠자리마다 흐르는 물에 사는 잠자리가 있고, 고인 물에 사는 잠자리가 있다.

　흐르는 물에서도 차고 맑은 물이 흐르는 산골짜기에는 물잠자리와 장수잠자리, 측범잠자리 같은 잠자리가 산다. 그래서 제주도처럼 흐르는 물이 많이 없는 곳에는 측범잠자리 무리가 아주 드물다. 물이 느릿느릿 흐르고 모래톱이 쌓이는 강 중류에는 잔산잠자리와 어리장수잠자리, 검은물잠자리, 측범잠자리 같은 잠자리가 산다.

　고여 있는 물에는 늪, 연못, 저수지, 웅덩이, 논 따위가 있다. 물풀이 많은 웅덩이나 저수지, 늪에는 노란실잠자리, 푸른아시아실잠자리 같은 실잠자리와 왕잠자리, 밀잠자리, 언저리잠자리, 나비잠자리, 넉점박이잠자리, 대모잠자리, 밀잠자리붙이 같은 잠자리가 산다. 숲 속이나 높은 산에 있는 못에는 큰청실잠자리, 참별박이왕잠자리, 별박이왕잠자리 같은 잠자리가 산다. 논에는 중간밀잠자리, 고추잠자리, 아시아실잠자리 같은 잠자리가 많이 산다.

모기

하루살이

나방

먹이

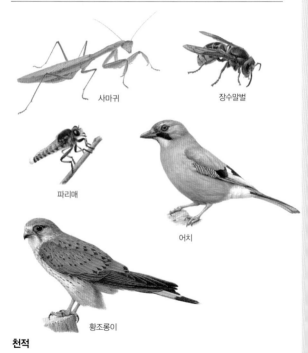

사마귀

장수말벌

파리매

어치

황조롱이

천적

먹이와 천적

잠자리는 어떤 곤충보다도 잘 난다. 빠르게 날고 제자리에 멈춰 날거나 뒤로도 난다. 잠자리는 시속 100km까지 날 수 있고, 실잠 자리는 시속 60km까지 날 수 있다. 잠자리는 이렇게 빨리 날면서 날아다니는 날벌레를 잡아먹는데 그 가운데 모기를 많이 잡아먹 는다. 하루에 자기 몸무게에 50%가 넘게 먹는다. 왕잠자리나 밀잠 자리는 자기보다 몸집이 작은 꼬마잠자리도 잡아먹는다. 실잠자 리 무리는 작은 나방이나 하루살이, 모기 따위를 잡는다. 잠자리 는 사람에게 해를 주는 벌레를 많이 잡아먹어서 도움을 준다.

잠자리 무리는 먹이를 쫓아 날아가서 잡는데, 다리에는 작은 가시가 많이 나 있어서 먹이를 그물처럼 가두어 잡는다. 긴무늬왕 잠자리 같은 잠자리는 오전에 떼로 날아다니며 먹이를 잡는다. 잘 록허리왕잠자리와 도깨비왕잠자리 같은 잠자리는 해거름에 나와 날아다니며 먹이를 잡는다. 실잠자리 무리는 작은 날벌레가 풀잎 이나 풀 줄기에 앉을 때 잽싸게 날아가서 턱으로 물어 잡는다. 사 방이 빽빽한 풀숲이기 때문에 먹이를 잡고 난 뒤 뒤로 날아 제자 리로 돌아온다.

잠자리를 노리는 천적도 많다. 잠자리도 빠르게 날지만 새한테 는 꼼짝 못한다. 많은 새들이 잠자리를 잡아먹는다. 또 사마귀는 잠자리가 풀숲에 앉을 때를 기다렸다가 잡아먹는다. 풀숲에 쳐 놓은 거미줄에도 잘 걸린다. 파리매도 작은 잠자리를 곧잘 잡아 먹는다.

고추좀잠자리

깃동잠자리

마아키측범잠자리

산으로 가는 잠자리

측범잠자리

호리측범잠자리

물길을 거슬러 올라가는 잠자리

된장잠자리

날개잠자리

남색이마잠자리

남쪽 바다를 건너오는 잠자리

대륙고추좀잠자리

북쪽에서 날아오는 잠자리

자리 옮기기

잠자리는 날개돋이를 하면 그 둘레에 살면서 짝짓기를 할 수 있는 어른이 된다. 하지만 몇몇 종은 사는 곳을 옮겨 살다가 짝짓기를 하고 알을 낳으려고 태어난 곳으로 돌아온다.

산으로 가는 잠자리와 물길을 따라 올라오는 잠자리가 있다. 산으로 가는 잠자리는 고추좀잠자리, 깃동잠자리, 산깃동잠자리, 대륙좀잠자리, 마아키측범잠자리다. 이 잠자리들은 산으로 옮겨 가서 그곳에 사는 날벌레를 잡아먹으며 큰다. 한여름에는 뜨거운 땅 기운을 피해 떼 지어 하늘 높이 날아오르기도 한다. 또 나뭇가지나 풀잎 위에 앉아 날개를 활짝 펴고 배를 곧게 하늘로 세워 몸을 식히기도 한다.

물길을 거슬러 올라가는 잠자리는 측범잠자리와 호리측범잠자리 같은 측범잠자리 무리다. 이 잠자리는 강 상류에 알을 낳는다. 하지만 알이 물살에 떠밀려 강 중, 하류까지 내려온다. 여기에서 날개돋이 한 잠자리는 물길을 따라 다시 강 상류로 날아 올라간다.

다른 나라에서 날아오는 잠자리도 있다. 잠자리는 따뜻한 남쪽을 좋아하는 잠자리가 있고, 추운 북쪽에서 사는 잠자리가 있다. 된장잠자리나 날개잠자리는 태풍이나 바람을 타고 남쪽 바다를 건너 우리나라에 온다. 대륙고추좀잠자리는 추운 북쪽 지방에서 우리나라로 날아온다.

황등색실잠자리 암컷
몸빛이 노랗다가 다 크면
풀빛으로 바뀐다.

밀잠자리 수컷
어릴 때는 누렇다가
다 크면 푸르스름한
잿빛으로 바뀐다.

아시아실잠자리 암컷
어릴 때는 몸빛이 빨갛다가
크면 풀빛으로 바뀐다.

고추잠자리 수컷
다 크면 온몸이 빨갛게
바뀐다.

크면서 몸빛을 바꾸는 잠자리

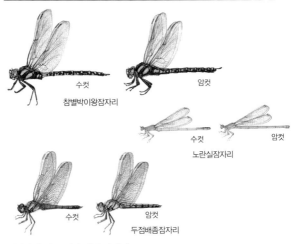

수컷

암컷

참별박이왕잠자리

수컷

암컷

노란실잠자리

수컷

암컷

두점배좀잠자리

암컷과 수컷 몸빛이 다른 잠자리

몸빛 바꾸기

잠자리 가운데 몇몇 종은 다 커서 짝짓기 할 때가 되면 몸빛이 바뀐다. 실잠자리들은 암컷 몸빛이 바뀐다. 아시아실잠자리 암컷은 갓 날개돋이 했을 때는 빨갛지만 다 크면 풀빛으로 바뀐다. 황등색실잠자리 암컷은 몸빛이 노랗다가 다 크면 풀빛으로 바뀐다. 푸른아시아실잠자리와 노란실잠자리 같은 실잠자리들도 몸빛이 바뀐다.

잠자리 무리는 수컷 몸빛이 바뀐다. 밀잠자리 수컷은 갓 날개돋이 했을 때는 암컷 몸빛과 똑같은 밤색이다. 다 크면 푸르스름한 잿빛으로 바뀐다. 고추잠자리 수컷도 다 크면 온몸이 빨개진다. 좀잠자리 무리 수컷은 배만 빨갛게 바뀌기도 하고 온몸이 빨갛게 바뀌기도 한다.

이렇게 암컷과 수컷 몸빛이 다른 잠자리들이 많다. 잘못하면 서로 다른 잠자리로 여길 수 있기 때문에 잘 눈여겨보아야 한다.

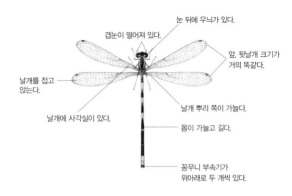

눈 뒤에 무늬가 있다.

겹눈이 떨어져 있다.

앞, 뒷날개 크기가 거의 똑같다.

날개를 접고 앉는다.

날개에 사각실이 있다.

날개 뿌리 쪽이 가늘다.

몸이 가늘고 길다.

꽁무니 부속기가 위아래로 두 개씩 있다.

실잠자리 무리

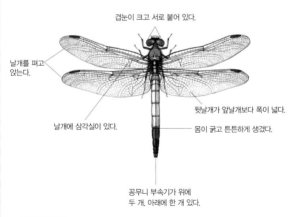

겹눈이 크고 서로 붙어 있다.

날개를 펴고 앉는다.

뒷날개가 앞날개보다 폭이 넓다.

날개에 삼각실이 있다.

몸이 굵고 튼튼하게 생겼다.

꽁무니 부속기가 위에 두 개, 아래에 한 개 있다.

잠자리 무리

잠자리 분류와 과별 특징

잠자리는 동물계 – 절지동물문 – 곤충강 – 유시아강 – 고시류 – 잠자리목(Odonata)에 드는 곤충이다. 유시아강은 날개가 있는 무리라는 뜻이다. 고시류는 날개를 꺾어 배 위로 접을 수 없는 무리라는 뜻이다.

잠자리는 옛잠자리아목, 실잠자리아목, 잠자리아목으로 나눈다. 온 세상 잠자리는 3아목 40과 6,167종쯤 된다. 그 가운데 실잠자리아목이 28과 3,107종, 잠자리아목은 11과 3,056종, 옛잠자리아목이 1과 4종이 산다. 아직까지도 해마다 새로운 잠자리를 찾아내고 있다.

우리나라에는 모두 11과 123종이 있고, 남녘에는 11과 102종이 있다. 그 가운데 푸른측범잠자리는 예전에 잡았다는 기록만 있고 지금까지 보이지 않는다. 또 서남아시아에서 살던 두점배좀잠자리가 새롭게 날아오기도 한다.

옛잠자리아목은 온 세상에 4종만 산다. 2014년에 북녘에서 새롭게 1종을 찾았다. 몸은 잠자리처럼 크고 굵은데 날개는 실잠자리처럼 가늘고 좁다. 살아 있는 화석이라고 할 만큼 오랫동안 살아온 잠자리다. 히말라야와 일본, 백두산 둘레에서만 산다. 실잠자리아목은 우리나라에 4과 35종쯤 산다. 물잠자리과, 실잠자리과, 청실잠자리과, 방울실잠자리과가 있다. 잠자리아목은 우리나라에 7과 88종쯤 산다. 왕잠자리과, 측범잠자리과, 장수잠자리과, 청동잠자리과, 잔산잠자리과, 잠자리과, 독수리잠자리과가 있다. 독수리잠자리과에는 한 종이 있지만 1993년에 한번 잡힌 뒤로 더 이상 보이지 않는다.

실잠자리 과별 특징

1. 물잠자리과

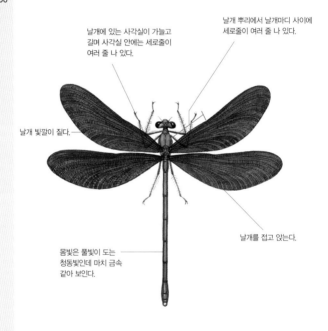

날개에 있는 사각실이 가늘고 길며 사각실 안에는 세로줄이 여러 줄 나 있다.

날개 뿌리에서 날개마디 사이에 세로줄이 여러 줄 나 있다.

날개 빛깔이 짙다.

날개를 접고 앉는다.

몸빛은 풀빛이 도는 청동빛인데 마치 금속 같아 보인다.

2. 실잠자리과

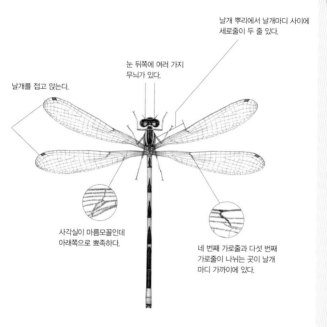

날개 뿌리에서 날개마디 사이에
세로줄이 두 줄 있다.

눈 뒤쪽에 여러 가지
무늬가 있다.

날개를 접고 앉는다.

사각실이 마름모꼴인데
아래쪽으로 뾰족하다.

네 번째 가로줄과 다섯 번째
가로줄이 나뉘는 곳이 날개
마디 가까이에 있다.

3. 방울실잠자리과

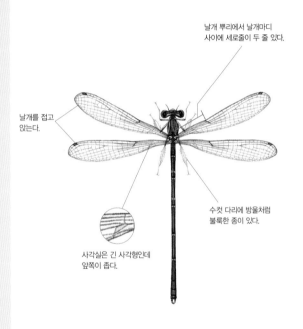

날개 뿌리에서 날개마디
사이에 세로줄이 두 줄 있다.

날개를 접고
앉는다.

수컷 다리에 방울처럼
불룩한 종이 있다.

사각실은 긴 사각형인데
앞쪽이 좁다.

4. 청실잠자리과

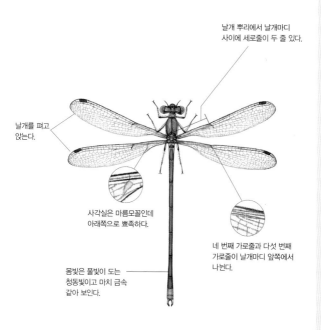

날개 뿌리에서 날개마디 사이에 세로줄이 두 줄 있다.

날개를 펴고 앉는다.

사각실은 마름모꼴인데 아래쪽으로 뾰족하다.

네 번째 가로줄과 다섯 번째 가로줄이 날개마디 앞쪽에서 나뉜다.

몸빛은 풀빛이 도는 청동빛이고 마치 금속 같아 보인다.

잠자리 과별 특징

1. 왕잠자리과

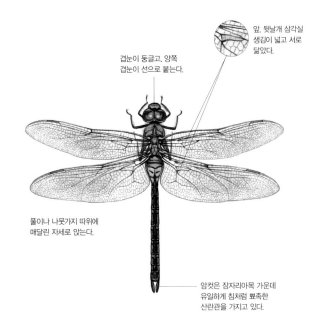

앞, 뒷날개 삼각실 생김이 넓고 서로 닮았다.

겹눈이 둥글고, 양쪽 겹눈이 선으로 붙는다.

풀이나 나뭇가지 따위에 매달린 자세로 앉는다.

암컷은 잠자리아목 가운데 유일하게 침처럼 뾰족한 산란관을 가지고 있다.

2. 측범잠자리과

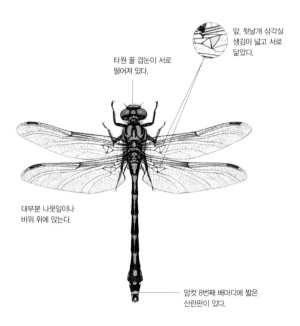

앞, 뒷날개 삼각실
생김이 넓고 서로
닮았다.

타원 꼴 겹눈이 서로
떨어져 있다.

대부분 나뭇잎이나
바위 위에 앉는다.

암컷 8번째 배마디에 짧은
산란판이 있다.

3. 장수잠자리과

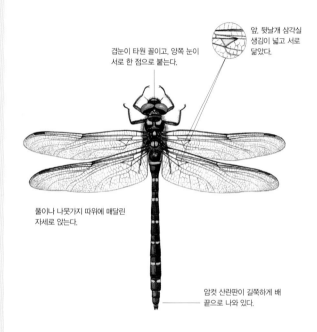

앞, 뒷날개 삼각실 생김이 넓고 서로 닮았다.

겹눈이 타원 꼴이고, 양쪽 눈이 서로 한 점으로 붙는다.

풀이나 나뭇가지 따위에 매달린 자세로 앉는다.

암컷 산란판이 길쭉하게 배 끝으로 나와 있다.

4. 청동잠자리과, 산산잠자리과, 잠자리과

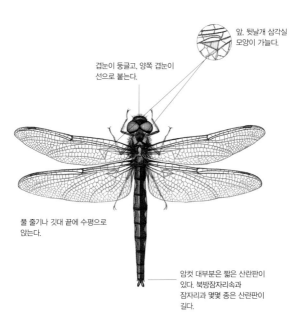

앞, 뒷날개 삼각실
모양이 가늘다.

겹눈이 둥글고, 양쪽 겹눈이
선으로 붙는다.

풀 줄기나 깃대 끝에 수평으로
앉는다.

암컷 대부분은 짧은 산란판이
있다. 북방잠자리속과
잠자리과 몇몇 종은 산란판이
길다.

찾아보기

학명 찾아보기

참고한 책

단행본

《곤충의 비밀》이수영, 예림당, 2000

《세밀화로 그린 보리 어린이 곤충도감》권혁도, 보리, 2010

《쉽게 찾는 우리 곤충》김진일, 현암사, 2010

《식물곤충사전》백과사전출판사, 1991

《우리 산에서 만나는 곤충 200가지》국립수목원, 지오북, 2013

《조영권이 들려주는 참 쉬운 곤충 이야기》조영권, 철수와영희, 2016

《주머니 속 곤충도감》손상봉, 황소걸음, 2013

《필드가이드 잠자리》김성수, 필드가이드, 2011

《하천생태계와 담수무척추동물》김명철, 천승필, 이존국, 지오북, 2013

《한국 잠자리 유충》정광수, 자연과생태, 2011

《한국의 잠자리 123종》정광수, 자연과생태, 2012

《한국의 잠자리 생태도감》정광수, 일공육사, 2007

《한국의 잠자리·메뚜기 외》김정환, 교학사, 1998

외국 책

《Field Guide to the Dragonflies and Damselflies of Great Britain and Ireland》
Steve Brooks, BWP, 1997

《Dragonflies and Damselflies of California》Tim Manolis, University of California
Press, 2003

《Pareys Buch der Insekten》Michael chinery, Verlag Paul Parey·Hamburg und
Berlin, 1986

《Der Kosmos-Insektenführer》J.Zahradnik, Kosmos, 1989

《近畿のトンボ図鑑》, 山本哲央 外, いかだ社, 2009

《日本産トンボ幼虫 成虫 検索図説》石田昇三 外, 東海大学出版会, 1988

논문

JUNG, K. S., 2010. Addition and deletion in Korean Odonata checklist. Journal of Odonata Society of Korea. 2: 51-55. (in Korean).

JUNG, K. S., 2010. Order Odonata. pp. 27-30. In: Paek, M. K., Hwang, J. M., Jung, K. S., Kim, T. W., Kim, M. C., Lee, Y. J., Cho, Y. B., Park, S. W., Lee, H. S., Ku, D. S., Jeong, J. C., Kim, K. G., Choi, D. S., Shin, E. H., Hwang, J. H., Lee, J. S., Kim, S. S. & Bae, Y S., Checklist of Korean Insect. Nature & Ecology, Academic Series 2. 598 pp., Seoul, Korea.

JUNG K. S. JANG J. W. and LEE J. E., 2011. First Record of the Genus Brachydiplax (Odonata: Libellulidae) from Korea. The Entomological Society of Korea, Program and Abstracts. 30p.

글쓴이

정광수 2002년부터 우리나라에 사는 잠자리를 찾아 온 나라를 돌아다녔다. 2007년 우리나라에 사는 잠자리 125종을 정리한 《한국의 잠자리 생태도감》을 펴냈다. 또 2011년에는 잠자리 애벌레만 따로 모아 《한국 잠자리 유충》과 2012년에는 길잡이 도감인 《한국의 잠자리》를 펴냈다. 2010년에는 우리나라에만 사는 한국개미허리왕잠자리를 맨 처음 찾아 신종으로 발표했다. 2007년부터 한국잠자리연구회를 세우고 세계잠자리학회(WDA)와 일본 잠자리학회(TOMBO) 회원으로 잠자리를 연구하고 있다.

그린이

옥영관 1972년 서울에서 태어났다. 어릴 때 살던 동네는 아직 개발이 되지 않아 둘레에 산과 들판이 많았다. 그 속에서 마음껏 뛰어놀면서 늘 여러 가지 생물에 호기심을 가지고 자랐다. 홍익대학교 미술대학과 대학원에서 회화를 공부하고 작품 활동과 전시회를 여러 번 열었다. 또 8년 동안 방송국 애니메이션 동화를 그리기도 했다. 몇 해 전부터 딱정벌레, 나비, 잠자리 도감에 들어갈 그림을 그리고 있다.